E D I T H   Z E I L E

Du bist ein Gedanke Gottes

- Botschaften aus einer anderen Dimension -

Dr. Dorit I. Becker

Verlag Pegasos LIGHT

Impressum

Edith Zeile : Du bist ein Gedanke Gottes
- Botschaften aus einer anderen Dimension -

1. Auflage 1992

Verlag Pegasos LIGHT
Rottstr. 26
D-4923 Extertal

Druck Druckerei Lichthard GmbH
Humboldtstr. 2
D-3280 Bad Pyrmont

ISBN 3-929422-01-8

Inhalt

Vorwort

Seit Allan Kardecs "Le Livre des Esprits"[1] ist der Kontakt zwischen Menschen und Wesen einer höheren Bewußtseinsstufe nicht mehr abgerissen. So stellen die Ausführungen Kims kein Novum dar, sondern haben langjährige Tradition. Nichtsdestoweniger sollten sie dem Leser Neues bieten können, zumal sie sich nicht in philosophisch-theologischen Spekulationen verlieren, sondern eher Rat und Hilfe für den Alltag mit den bedrängenden Problemen eines technologischen Zeitalters anbieten. Daß dabei Fragen der Gesundheit im Mittelpunkt stehen, ist darin begründet, daß der Autor nach eigener Aussage in seiner letzten Inkarnation zur Zeit des Konfuzius als Arzt tätig gewesen sein soll.

Kim trat völlig unerwartet in mein Leben. Zu Anfang des Jahres 1980 suchte ich das englische Inspirationsmedium Hooper in Düsseldorf auf.
Am Ende der Sitzung sagte sie ganz beiläufig, ein "östlicher Führer" stünde neben mir und bäte um Kontakt. Es sei eine kleine, hagere Gestalt mit einem Spitzbart, ein Chinese. Zu jener Zeit hatte ich schon die Stufe des Hellhörens erreicht, und so kam die erste Verbindung rasch und mühelos auf dem Heimweg zustande.

Wenn ich eher der spiritualistischen als der animistischen Deutung solcher Vorgänge zuneige, so liegt das daran, daß Kim bereits zwei Vorgänger hatte und sich mir daraus die Möglichkeit eines Vergleiches dieser drei Entitäten ergab.
Unterschiede im Verhalten, bei der Wahl der Themen und der formalen Gestaltung sind so gravierend, daß ich die These von der Eigenproduktion solcher Phänomene schlichtweg ablehnen muß.

----

1 Allan Kardec, Le Livre des Esprits. Paris 1857.

Kim, so empfinde ich es, ist ein Wesen außerhalb meiner eigenen Person, mit Qualitäten ausgestattet, die längst nicht mein geistiger und charakterlicher Besitz sind, unaufdringlich präsent in einer anderen Dimension, jederzeit bereit, Auskunft zu geben und Rat zu erteilen.

Die Kontaktaufnahme erfolgt im Zustand völliger Bewußtheit. Ich nenne den Namen und bitte um Ausschaltung anderer Einflüsse. Ich gehe soz. auf Empfang. Im Bruchteil einer Sekunde höre ich die zarte Stimme im Gehirn. Sie ist kein akustisches Phänomen, dringt nicht von außen an mein Ohr. Sie taucht auf wie ein Gedanke, spontan und souverän, und mein Gehirn ist nur ein Instrument, das einen fremden Inhalt formt.

Kims Auskünfte lassen sich in 3 Gruppen ordnen:
1. Er ist imstande, ohne Verzug zu allgemeinen Themen Stellung zu nehmen und seine Argumente in wohlgeordneter Form vorzutragen.

2. Er kann, wenn Name und Photo einer mir unbekannten Person vorliegen, erschöpfende, bis in intime Details gehende Ausführungen über den Betreffenden machen. Er ist in der Lage, ein Charakterportrait zu entwerfen, besondere Begabungen zu erkennen, Krankheiten und deren Ursache festzustellen, Therapievorschläge zu machen, die persönliche Situation des Betreffenden zu kennzeichen, frühere Inkarnationen anzugeben und Zukunftsprognosen zu machen.

3. Er hat in bislang 3 Fällen verlorene bzw. verschwundene Gegenstände aufgefunden, was in einem Fall ein erheblicher Zeit- und finanzieller Gewinn war.

Das Buch hat 2 Kapitel. An einen kurzen biographischen Abriß, der im wesentlichen die Entwicklung meiner Medialität darstellt, schließt sich die Sammlung der

Texte an. Sie sind thematisch weit gespannt, reichen von Emanzipation über Unkrautvertilgung bis zu Lebenssinn. Auf Weisung Kims sind sie in 4 Gruppen angeordnet: 1. Medizin, 2. Ökologie, 3. Technologie und 4. Bewußtsein.

"Damit sind zugleich jene Bereiche umrissen, die an der Schwelle des 3. Jahrtausends für die Menschheit von entscheidendem Interesse sind. Sollten hier die Lernprozesse der Massen ausbleiben, so wird die Welt in der gegenwärtigen Form nicht zu retten sein. Die Verantwortung, die jedem einzelnen aufgebürdet wird, ist ungeheuer groß. Aber das bedeutet geistige Erneuerung, Arbeit an sich selbst, fast möchte ich sagen `geistige Fron´, da es mit eurem Planeten sehr im argen liegt und die Mißstände inzwischen Berge des Übels darstellen, die abgetragen werden müssen." (Kim, 13.8.1986)

Kim versteht seine Aufgabe als Dienst an den Menschen. Die Auffassung, die er vertritt, der Rat, den er gibt, weisen stets auf das letzte große, im Grunde einzige Ziel des Menschen hin: seine Vervollkommnung.
Vollkommenheit aber wird erreicht durch den Pendelschlag von Lernen und Leiden. Wer sich dem Lernen entzieht, muß leiden. Wer leidet, lernt. Wer lernt, versteht, und wer versteht, ersetzt Haß durch Liebe. Mögen Kims Durchsagen einen Teil dazu beitragen, daß jeder im anderen den Bruder erkenne, unabhängig von Rasse und Religion, Bildung und Ideologie.

Heidelberg, den 1. März 1992 Edith Zeile

I. Stationen meines Lebens

Ich wurde in einem kleinen Dorf in der Nähe von Posen im heutigen Polen in einem Pfarrhaus geboren, das mein Vater, damals Lehrer und Kantor, bewohnen durfte. Meine drei Jahre ältere Schwester gerät noch heute ins Schwärmen, wenn sie von Nußberg berichten darf. Blaue Weintrauben habe es zentnerweise gegeben und Nüsse so groß wie Hühnereier.
Ich kenne meinen Geburtsort nur aus den Schilderungen anderer, wie überhaupt über alle Orte und Begebnisse meiner frühen Kindheit ein dichter Schleier ausgebreitet scheint. Nur wenige Dinge sind in meiner Erinnerung haften geblieben: der Streit meiner Eltern zu mitternächtlicher Stunde, der erste Auftritt auf der Bühne der Stadthalle, die Tränen am ersten Schultag und der Abschied von meinem Vater auf dem Bahnsteig voller lärmender Frontsoldaten.
Nach der Flucht buchstäblich in letzter Minute aus dem von russischen Truppen umzingelten Bromberg mitten im Winter 1945 reihte sich ein Umzug an den anderen, bis schließlich Heidelberg meine neue Heimat werden sollte.

Hier machte ich 1955 am Hölderlin-Gymnasium das Abitur und sollte nach den Vorstellungen der Direktorin und der Mathematiklehrerin, einer Nichte Konrad Adenauers, Mathematik studieren, was ich auch 2 Wochen lang tat. Dann - einem plötzlichen Impuls folgend - schrieb ich mich in der Philosophischen Fakultät mit dem Hauptfach Anglistik ein. Vielleicht war dieser für alle völlig unverständliche spontane Entschluß für meine \`mediale´ Laufbahn der wichtigste, denn alles, was später geschah, hätte mir als Mathematikerin nie passieren können.

Im 5. Semester traf ich in der Bibliothek des Anglististischen Seminars den pakistanischen Medizinstudenten Javed Shah, der mich mit der faszinierenden Kunst des Handlesens bekannt machte. Statt Beowulf studierte ich nun das Standardwerk Cheiros, des englischen Grafen Hamon[2], und die Erkenntnis, daß wir den Plan unseres Lebens in der Hand tragen, traf mich ganz und gar unvorbereitet. Dies aber war der Anfang `meines Weges´, der mich aus dem sicheren Schoß der protestantischen Kirche herausführen und schließlich in Sai Babas bonbonfarbenen Tempel im südindischen Puttaparthi bringen sollte. Da empfand ich mich am Ziel meiner Reise, mit duftenden Jasminblüten im Haar zu Füßen eines lebendigen Gottes sitzend.

+++

Was aber hatte sich alles in dem Vierteljahrhundert ereignet, was hatte sich zusammenfügen müssen, damit die Seele sich nicht im Labyrinth der Möglichkeiten verirrte! Wieviel mußte gelernt, wieviel mehr gelitten werden, weil nicht genügend gelernt worden war! Vielleicht vermag ein Erlebnis aus der Studienzeit die Länge des zurückgelegten Weges am besten zu verdeutlichen.
Ich hatte das Glück, als Anglistin bei einem der ganz großen Meister lernen zu dürfen, bei Hermann Flasdieck, einem Linguisten von Weltrang, dessen Spezialgebiet die Erforschung des Altenglischen war. Damals erschien uns die Teilnahme an seinen berühmt-berüchtigten Beowulf-Seminaren allerdings eher als Fron denn als Glück, und viele gaben auf, wanderten an andere Universitäten ab.
Als Hilfsassistentin hatte ich das Privileg, Flasdieck und dessen Assistenten aus nächster Nähe erleben zu dürfen. Eines Tages nahm uns einer der Assistenten beiseite und flüsterte uns zu, Flasdieck habe ein Medium aufgesucht und gefragt, ob er wohl nach dem

---
[2] Cheiro, Language of the Hand. London 1958.

Tode weiterhin altenglische Forschung betreiben könne, und er habe erleichtert zur Kenntnis genommen, daß dies der Fall sei.

Ich erinnere mich, mit welch ungläubigem Staunen wir, die drei Hilfsassistenten, dies aufnahmen. Flasdieck, der in aller Welt bekannte Wissenschaftler, ließ sich auf solchen Unfug ein? Wochenlang machte diese Geschichte im Seminar die Runde und löste überall Verblüffung und Gelächter aus. Heute, da ich selber die Hilfe vieler Medien in Anspruch genommen habe, denke ich voller Beschämung an unser Verhalten.

Als hätte er es geahnt, starb Flasdieck sehr früh. Sein plötzlicher Tod hatte auch für mich weitreichende Konsequenzen. Ich hatte nach dem Staatsexamen die Vertretung einer wissenschaftlichen Assistenz übernommen und mußte diese nun dem Nachfolger Flasdiecks zur Verfügung stellen. Damit war meine Karriere am Anglistischen Seminar abrupt beendet. Ohne berufliche Verpflichtungen kam ich jedoch wesentlich schneller mit meiner Dissertation voran, und ein glücklicher Zufall fügte es, daß ich noch vor der Promotion an einem anderen Institut der Universität ein Lektorat erhielt.
Auch dieser zweite `Berufswechsel´scheint eine Korrektur von oben gewesen zu sein, denn alle weiteren für meine Entwicklung als Medium wichtigen Begegnungen und Erfahrungen sind unlöslich mit diesem neuen Institut verknüpft.

+++

Ein neuer Lebensabschnitt hatte begonnen. An die Lernjahre schlossen sich die Lehrjahre, und es wurden ganz unerwartet die glücklichsten meines Lebens.

Unter den Kollegen befand sich einer, der mich mit der Wissenschaft der Astrologie bekanntmachte, und es gab fortan keinen Urlaub, keine Reise mehr ohne die Ephemeriden im Gepäck. Die anfängliche Skepsis wich sehr bald, und an ihre Stelle trat Faszination. Es schien mir nun so, als gäbe es mehrere Schlüssel zum eigentlichen Wesen des Menschen, und ich hatte nun den zweiten, das Horoskop, in der Hand. So schwierig die Beziehung sich zu diesem Kollegen gestaltete, als praeceptor astrologiae wird er mir immer in guter Erinnerung bleiben.

Ein anderer Kollege machte mich mit der damals schon legendären Gestalt der Frau Köhler bekannt, einer Zigeunerin, die die Gabe des Hellsehens besaß. Die halbe Stadt muß bei ihr gewesen sein, denn gleichgültig zu welcher Tageszeit man bei ihr erschien, es saßen immer einige Klienten geduldig in der armseligen Küche. Sie war mit Sicherheit der beste Ersatz für einen Therapeuten oder Psychiater, und ihre Tätigkeit empfanden viele als ausgesprochen segensreich. Sie machte nicht viele Worte, aber mit wenigen Strichen zeichnete sie die gegenwärtige Situation ihres Kunden und zeigte Möglichkeiten der Konfliktbewältigung auf. Ich weiß nicht, wie oft ich in die häßliche Straße am Eingang zur Mannheimer Autobahn gepilgert bin. Schließlich war es nicht mehr die persönliche Zukunft, die mich so interessierte, sondern die Gabe, die ich verstehen und in mein Weltbild einordnen wollte.

Frau Köhler war nicht die einzige Hellseherin, die ich aufsuchte. Niemals vergesse ich den dramatischen Flug nach Berlin, als wir in eine Gewitterfront kamen und die alte Propellermaschine krächzend auf und ab hüpfte. Neben mir saß glücklicherweise ein Jesuitenpater, dessen intensivem

Beten es wohl zu verdanken war, daß wir lebend Berlin erreichten. Dort suchte ich Frau Kardos auf, deren Voraussagen alle eintrafen. Die berühmte Buchela dagegen enttäuschte mich sehr, denn sie prophezeite mir zwei gesunde Kinder, und ich habe eine Tochter mit einer unheilbaren Krankheit.

In die ersten Jahre meiner Berufstätigkeit fielen auch zwei Erlebnisse, die mit den herkömmlichen Methoden der Wissenschaft nicht zu erklären waren und denen ich erst später eine exakte Bezeichnung und Deutung zu geben vermochte.

Das erste Erlebnis hing mit einem unserer Studenten zusammen, mit dem Afrikaner Obi Okongwu. Er war Jurist und beabsichtigte, an der Heidelberger Universität in seinem Fach zu promovieren, und Voraussetzung dafür war das Bestehen einer Sprachprüfung an unserem Institut.

Die Prüfung hatte stattgefunden, und bei der Durchsicht der schriftlichen Arbeiten stellte sich heraus, daß Okongwu bestanden hatte.

Einen Tag später erblickte ich auf dem Heimweg beim Passieren der Hauptpost Herrn Okongwu. Alle Details seiner Erscheinung sind mir noch heute - ein Vierteljahrhundert danach - lebhaft in Erinnerung. Er trug einen graugrünen Mantel, einen hellen Schal, lässig um den Hals gebunden, und eine schwarze Aktentasche. Ich sah sein Gesicht im Halbprofil, die blitzenden weißen Augen, die dunkle Haut. Vor der Post wurden Adenauer-Briefmarken angeboten, eine letzte Reverenz an den vor kurzem verstorbenen Staatsmann.

Herr Okongwu verschwand gerade durch das Portal der Hauptpost, und ich eilte ihm nach, um ihm den Prüfungserfolg mitzuteilen. Aber wie sehr ich auch in der Schalterhalle nach ihm Ausschau hielt, er war spurlos verschwunden.

Am nächsten Morgen fragte ich ihn, immer noch leicht irritiert, wie er denn das Postgebäude verlassen hätte. Er sagte lächelnd, er sei in Würzburg gewesen, aber das Phänomen der Bilokation sei ihm hinreichend bekannt. Er sei schon häufig auf Photos von politischen Veranstaltungen erschienen, an denen er gar nicht teilgenommen hatte. Sein Vater sei ein berühmter Medizinmann im Iboland gewesen.

Das zweite Erlebnis war ganz anderer Art. Es hatte mit dem großen englischen Geistheiler Harry Edwards zu tun, der damals noch lebte. Nach der Lektüre eines seiner Bücher schrieb ich ihm und bat um eine Besserung meiner starken Kurzsichtigkeit.

Etwa eine Woche später wachte ich nachts auf, sah meinen Körper 1 m unter mir im Bett liegen, während ich gleichzeitig einen leichten Druck auf meinen geschlossenen Augenlidern spürte. Gerade als ich anfangen wollte, darüber zu staunen, befand ich mich wieder in meinem Körper im Bett unten.

Natürlich registrierte ich diese Erlebnisse mit einer gewissen Verwunderung. Aber ich befand mich damals in einer sehr aktiven Lebensphase, deren eigene Dynamik es mir gar nicht erlaubte, mich intensiv um ein Verständnis dieser Vorgänge zu bemühen. Erst sehr viel später wurde mir klar, daß dies ein out-of-body experience gewesen war, eine Behandlung des von der physischen Hülle abgelösten feinstofflichen Körpers.

+++

Im Herbst 1967 hatte ich die Chance, eine Lehrposition an der Universität Pittsburg in den USA zu erhalten. Auf der Überfahrt erinnerte ich mich ganz plötzlich an die lange Jahre zurückliegende Aussage Javed Shahs, der aus meinen Handlinien eine Reise nach Übersee herausgelesen hatte.

Der Zufall fügte es, daß der Leiter des Instituts Rosenkreuzer war. Ich war erstaunt, wie groß das Interesse an Parapsychologie unter der akademischen Jugend war und wie unvoreingenommen man darüber diskutierte. Hier hörte ich die Namen der berühmten Medien Arthur Ford und Edgar Cayce, las ihre Bücher[3], erlebte die große Heilerin Kathryn Kuhlmann in einer Pittsburger Kathedrale und wurde von einem amerikanischen Sinologen mit dem I Ging bekannt gemacht.

Obwohl meine Hingabe an den Beruf damals noch sehr groß war, wuchs mein Interesse an den sog. Grenzwissenschaften von Tag zu Tag. Ich freute mich besonders darüber, daß eine breite Strömung innerhalb der akademischen Gesellschaft zu erkennen war, die ohne alle Vorurteile und Vorbehalte an die Erforschung solcher Kräfte heranging, die die bislang bekannten und formulierten Gesetze der Naturwissenschaft offenbar sprengten. Ich hatte bis zu diesem Zeitpunkt nicht die geringste Ahnung davon, daß ich selber über eine solche seltsame Kraft verfügte, und hätte mir jemand dies gesagt, ich hätte ihn ausgelacht. Aber die Entdeckung stand kurz davor, und die Weichen waren schon gestellt.

+++

Im Sommer 1969 war ich zurück in Heidelberg, und da

----

[3] Arthur Ford, Nothing so Strange. New York, 1968.
Jess Stearn, Edgar Cayce - The Sleeping Prophet. New York, 1967.
Mary Ellen Carter, Edgar Cayce on Prophecy. New York, 1968.

ich die Zeit bis zum Beginn des Wintersemesters nutzen wollte, nahm ich als Dozentin am Internationalen Ferienkurs der Universität teil, der Jahr für Jahr über 500 Studenten aus aller Welt für ein vierwöchiges Studium von Sprache, Literatur und Kultur nach Heidelberg lockt.

Es war langjährige Tradition, daß die Dozenten unseres Instituts an dem Ferienkurs teilnahmen, und alle hatten ganz spezifische Erwartungen: der eine ging regelmäßig auf Brautschau unter den vielen hübschen Finninnen,der andere verdiente sich seine Urlaubsreise, und der dritte entdeckte seine Medialität. Der dritte war ich. Ich hatte alles erwartet, aber nicht daß dies die Geburtsstunde meiner Medialität werden sollte.

Es geschah in einem Lektürekurs. Ich hatte unter anderen zeitgenössischen Erzählungen auch eine von Martin Beheim-Schwarzbach mit dem Titel Unser zweiter Satz gewählt. Es ist eine ungewöhnliche Liebesgeschichte, die mit dem Tod des einen Partners endet. Kurz vor dem Ende der Erzählung kommt es noch einmal zu einer dramatischen Zuspitzung. Während der Mann sich allein in der Wohnung befindet, die ihm und seiner Geliebten als Zufluchtsort gedient hatte, erklingt plötzlich aus dem Nebenraum der langsame Satz eines Bach-Konzerts,den sie oft zusammen gehört hatten und der nun wie eine persönliche Botschaft der Geliebten erscheint. Wie von unsichtbarer Hand geführt, gleitet der Saphir über die Platte ...

Die Wirkung der Erzählung war nachhaltig. Es ergab sich eine außerordentlich lebhafte Diskussion, in deren Verlauf mich eine türkische Studentin fragte, ob ich schon einmal das Glasrücken[1] versucht hätte.

----

[1]Solche Experimente sind nicht für jeden geeignet, da sie gewisse Gefahren bergen.

Keinen der anderen Teilnehmer des Kursus könnte ich heute noch beschreiben, man hatte sich getroffen, voneinander gelernt und war wieder in alle Himmelsrichtungen zurückgekehrt, aber diese Studentin steht mir noch deutlich vor Augen: ein schönes Mädchen mit langem kastanienbraunem Haar in einem fliederfarbenen Kostüm. Wer hatte ihr den Auftrag gegeben, mir diese Frage zu stellen? Ein spiritistisches Experiment in der Heidelberger Universität zu arrangieren?

Irgendwie brachte sie in der Pause ein Dutzend Interessierte zusammen, wir zogen in die Cafeteria, stellten ein Teeglas auf den Kopf mitten auf dem Tisch und hielten unsere Fingerspitzen darauf. Es gab keinen Zweifel, das Glas begann zu spazieren.

Wir fingen verstohlen-argwöhnische Blicke von Vorübergehenden auf, und ab und zu fiel auch eine spöttische Bemerkung, aber unsere vereinigten Schutzengel müssen wohl über uns gewacht haben, denn kein Pedell erschien, um die Zweckentfremdung des Raumes anzuprangern.

Die Sache ließ mich nicht mehr los. Zuhause klebte ich Papierbuchstaben auf eine Schreibtischunterlage, holte ein Glas und wartete. Wartete nicht lange, denn das Glas fing an zu klopfen, beschrieb ein paar zögernde Kreise, reihte dann einen Buchstaben an den anderen, und zu meiner ungeheuren Verblüffung formte sich der erste Satz: "Hier ist dein Vater."

Mein Vater war seit dem Abschied auf dem Bahnhof im Jahr 1944 nie mehr von der russischen Front zu uns zurückgekehrt. Er galt als vermißt.

Ich war und blieb skeptisch. Zwar fand ich die Sache recht eigenartig, aber so ganz konnte ich nicht glauben, daß ich nun auf diese simple Weise Kontakt zu meinem Vater haben sollte.

So meldete sich schließlich noch ein anderer, ein Dominikanermönch mit dem Namen Urs Nikolaus. Er skizzierte sein Leben, bot historische Details und benutzte Wörter wie z.B. Oligarchie, die kaum zu meinem aktiven Wortschatz gehörten, um mich von seiner Realität zu überzeugen. Außerdem wollte er mir ein Buch diktieren.

Ich sammelte die Durchsagen, legte sie in eine Mappe mit der signifikanten Aufschrift "Brücke" und begab mich zu Professor Bender in Freiburg, der einzig rechtmäßigen Instanz für die Klärung und Beurteilung solcher Fälle.

Bender, kurz vor dem Antritt einer Vortragsreise durch die USA, hatte es sehr eilig, drückte mir seine Dissertation in die Hand, die diese `psychischen Automatismen´behandelte, warnte mich abschließend vor der Gefahr einer Schizophrenie, und schon war ich wieder mit meinen Schriften zu Hause. Diese legte ich in eine Schublade, und dort lagen sie unberührt genau 6 Jahre.

Am 7. November 1975 holte ich das Glas hervor, fand die verstaubte Schreibtischunterlage und legte meine rechte Hand zitternd darauf. War es vor 6 Jahren ein intellektuelles Spiel gewesen, so war es jetzt ein Schrei der Verzweiflung. Ich hatte ein todkrankes Kind, dem niemand zu helfen vermochte, und wenn es hilfreiche Wesen auf der anderen Seite des Lebens geben sollte, so würden sie antworten müssen. Und die Antwort kam, zuerst von meinem Vater, dann von Urs Nikolaus und später von Edgar Cayce, der Diätpläne durchgab, spezielle Teemixturen und Verhaltensanweisungen -, und Mirjams Zustand besserte sich zusehends.

Im Frühjahr 1976 kam Urs auf seinen ursprünglichen Wunsch zurück, mir ein Buch zu diktieren. Und so entstand innerhalb von 2 Monaten Abend für Abend das Buch Zu Gott rufe ich dich[4], das mich mit wesentlichem esoterischem Gedankengut vertraut machte.

Meiner Tochter ging es besser, aber mein Mann, der meinen abendlichen Rückzug in die Bibliothek zunächst mit Desinteresse, dann mit unverhohlenem Mißtrauen beobachtete, griff nun ein. Auf der Suche nach einer Diagnose und der entsprechenden Therapie wanderten wir nun von einer Arztpraxis zur anderen, und mit dem Kind ging es wieder bergab.

Ich hatte von einem Radiästhesisten, dem Großmeister des Rosenkreuzerordens in Belgien, gehört, und wir riefen dort an und baten um Auskunft und evtl. Heilung für unser Kind. Leider war das monatliche Honorar so hoch und das Ergebnis von 4 Wochen Behandlung so wenig eindrucksvoll, daß wir das Experiment abbrachen. Aber ein interessantes Nebenprodukt war, daß Monsieur Pierroux meinem Mann am Telefon sagte, ich sei medial, und neben mir stehe ein junger Mann, dessen Name mit A beginne und der als "artisan et artiste" zwischen 1464 und 1487 gelebt habe. Er habe mit Kupfer und Leder gearbeitet. Ich solle diese Verbindung unbedingt aufnehmen, sie sei sehr lohnend für mich.

So geriet ich an Adalbert, den Wappenschmied am Hofe der schottischen Stuarts. Von ihm stammen einige der schönsten Durchsagen in einer farbenprächtigen bildhaften Sprache. Es sei mein Dual, verkündete er kurz nach dem ersten Kontakt, und zum Beweis zeichnete er ein Selbstportrait mit einem Herzen, in dessen Mitte er den Namen"Edith" schrieb. Er hatte sehr viel Humor, und ganz besonders liebenswürdig fand ich seine Eigenheit, zu Beginn jeder

----

[4] Edith Zeile, Zu Gott rufe ich Dich. St. Michael (Bläschke) 1979.

Mitteilung eine Rose zu zeichnen.
Inzwischen hatte ich nämlich die schwerfällige Technik des Glasrückens aufgegeben und auf Geheiß von Urs zunächst eine Planchette und dann einen Bleistift benutzt, und ich hatte bei Adalbert schon die Stufe des inspirativen Schreibens erreicht. Zu diesem Zweck nahm ich einen Bleistift oder einen Kugelschreiber leicht in die Hand, bat in Gedanken um den Kontakt, und schon glitt der Bleistift über das Papier in einer ausgeprägt linksläufigen Handschrift, die meiner eigenen nicht im entferntesten entsprach.

Adalbert konnte als erster die Hand so gut benutzen, daß er auch kleine Zeichnungen anfertigte, vor allem die Anfangsrose, die er mir immer überbrachte und deren Aussehen von meinem Verhalten abhing. Hatte ich einmal einen ungerechtfertigten Streit mit meinem Mann vom Zaum gebrochen, so schenkte er mir als Ausdruck seiner Mißbilligung ein kümmerliches Exemplar, hatte ich mich ausnahmsweise einmal an Güte selbst übertroffen, so erhielt ich abends eine wunderschöne langstielige Prachtrose.

Zwischen uns herrschte soviel Harmonie, ein Gefühl zärtlicher Innigkeit, daß ich seiner Aufforderung, den Bleistift wegzulassen und auf Tonband zu sprechen, voller Vertrauen nachkam. Erst später erkannte ich, daß dies eine weitere Stufe in der Entwicklung meiner Medialität bedeutete, denn der Verzicht auf alle technischen Hilfsmittel war der Anfang des Hellhörens.

+++

Obwohl ich seit den Glasexperimenten einige englische Medien aufgesucht und erfahren hatte, daß ich diesen Weg gehen würde, um am Ende als Heilmedium an einer Klinik zu wirken, war ich jedesmal von neuem erstaunt, daß die Übergänge von einer Stufe zur anderen so mühelos waren.

Man nahm ein Glas in die Hand, und es lief von selbst. Man nahm einen Bleistift in die Hand, und er schrieb von selbst. Man ließ ein Tonband laufen, und eine Stimme diktierte den Text.

Vielleicht lag es daran, daß ich mich immer der Führung anderer anvertraute, die offenkundig über meine innere Entwicklung besser informiert waren und wußten, was sie mir zutrauen konnten. Ich wäre von selber nie auf die Idee gekommen, daß ich medial sein könnte. Ich hätte auch nie irgendwelche Techniken angewandt, um meine geistigen Organe zu entwickeln. Ohne die türkische Studentin hätte ich nie Urs, ohne den Belgier Monsieur Pierroux nie Adalbert und ohne die Engländerin Mrs. Hooper nie Kim kennengelernt.

Ich hatte ihre Adresse von einem jungen Arzt erhalten,den ich wegen meiner Tochter aufgesucht hatte, und um ihr Schicksal zu erhellen, fuhr ich nach Düsseldorf zu einer Privatsitzung.

Mrs. Hooper nannte zunächst ein paar wichtige Lebensdaten aus der Vergangenheit, erwähnte einige frühere Inkarnationen, die einen bestimmten Wesenszug zu erklären vermochten, wies wieder auf meine Tätigkeit als Heilerin an einer Klinik hin und sagte ganz beiläufig am Ende der Sitzung, "ein östlicher Führer" stünde neben mir und suche Kontakt.

Auf diese Weise trat Kim in mein Leben und verdrängte Adalbert. Zwei jahre später wurden beide von einer Hellseherin gesehen, die bei mir zu Gast war. Sie wußte nur von der Existenz Kims und hatte von dessen Vorläufer, dem Wappenschmied Adalbert, nie etwas gehört. Daher war es in der Tat verblüffend, daß sie zwei

Männer neben mir stehen sah, während wir am Kaffeetisch saßen. Sie sagte, der eine sei ein Chinese und halte ein Buch in der Hand, und der andere zeige ihr ein Wappenschild.

Hatte ich damit nicht einen Beweis für die tatsächliche Existenz dieser Wesen erhalten? Und doch - ich gestehe es offen - war ich nie ganz frei von Zweifeln und der Vermutung, daß vielleicht doch alles nur aus meinem Unterbewußtsein stamme, abgespaltene Teile meiner Persönlichkeit sich ad libitum verselbständigten und über ein Spezialwissen verfügten, das der Gesamtpersönlichkeit nicht zugänglich war.

Diese Zweifel verstärkten sich insbesondere dann, wenn eine Aussage nicht hundertprozentig stimmte, wenn eine Prognose nicht eintraf. Aber darf man - selbst unvollkommen - Vollkommenheit erwarten? Mußten die Informanten auf der anderen Seite des Lebens nicht so gut oder so schlecht sein wie ihr Instrument auf dieser Seite? Eva Herrmann[5] gibt eine andere Erklärung für Irrtümer und Fehleinschätzungen, wenn sie meint, dem Empfänger müsse zuweilen die Wahrheit vorenthalten bleiben, und ich gestehe, diese Meinung hat viel für sich.

Kann denn jeder die Auskunft, er habe Krebs, ertragen? Hat man mir selber nun schon zehn Jahre lang die Wunderheilung meines Kindes vorgegaukelt, weil ich an der Wahrheit zerbrochen wäre? Wird man sie mir sagen, wenn meine Seele stark genug ist, sie anzunehmen?

Mit Kim trat ich an die Öffentlichkeit. Es ergaben sich Kontakte zu Zeitschriften, zum Fernsehen, und das Echo auf seine Aktivität war erstaunlich. Ich schätze ihn sehr, empfinde aber sehr viel mehr Distanz ihm gegenüber als etwa seinem Vorgänger. Wir

----

[5] Eva Herrmann, Von Drüben. Remagen [2]1981.

sollen in seiner letzten Inkarnation als Stiefgeschwister verbunden gewesen sein, und es wäre schon merkwürdig, wenn ich meinen Stiefbruder inniger lieben wollte als mein Dual.

Aber er ist nicht der letzte in der Reihe meiner jenseitigen Kommunikatoren. Wieder ist es ein englisches Medium, das die Aufgabe hatte, mich mit einem weiteren Helfer zu verbinden und damit gewissermaßen den Kreis meiner Entwicklung zu schließen.

Ich hatte 1976 meine erste Privatsitzung bei dem englischen Tieftrancemedium Maryan Butler, in deren Verlauf eine weißgekleidete Nonne erschien und den Namen Grace durchgab.

Ein Jahr später wiederholte sich dieser Vorgang während einer Sitzung bei Mrs. Butlers Nichte. Auch Kim erwähnte diese Nonne in seiner Autobiographie (s. Anhang, S. 140), aber wie sehr sie auch auf ihren Auftritt warten mochte, ich nahm keinen Kontakt zu ihr auf gemäß der Erfahrung, daß mir die rechten Leute schon im rechten Moment zugeführt würden.

Dies geschah auf eine höchst merkwürdige Weise. Ich hatte einmal vor Jahren eine Durchsage für eine Schweizerin eingeholt, die in der Folgezeit mit mir in Kontakt blieb. Vor zwei Jahren hatte sie eine Privatsitzung bei dem englischen Medium Gaye Muir, die von Kind auf hellsichtig ist. Bei dieser ersten Sitzung erschien Kim.

Bei einer zweiten Sitzung ein halbes Jahr später erschien die weiße Nonne, nannte meinen Namen und sagte, ich wohne "jenseits der Schweizer Grenze". Weder Gaye Muir noch Frau F. konnten mit dieser Erscheinung etwas anfangen, aber meine Verblüffung war groß.

Nun, inzwischen hat Grace die Regie übernommen und führt mir Kim oder Adalbert als Gesprächspartner zu. Ihre eigentliche Aufgabe aber sei es, mir beim Heilen zu helfen. Auch meine Tochter habe die Krankheit gewählt, um mich auf meine eigentliche Lebensaufgabe vorzubereiten.

Sie ist nicht die erste, die das sagt. Das merkwürdigste Telefongespräch meines Lebens führte ich im Spätherbst 1981 mit der Ärztin Dr. Roswitha Rees (Dina Rees) in Freiburg. Ich hatte kaum einen Satz gesprochen, als sie mich in ihrer temperamentvollen Art unterbrach, um genau dasselbe wie Grace zu sagen. Sie sehe farbige Heilströme aus meinen Händen kommen, und ich hätte meine Tochter nur bekommen, um das Heilen zu lernen. Am Ende schlug sie vor, ich solle an Sai Baba schreiben.

Über Sai Baba hatte ich schon einmal einen längeren Bericht gelesen, aber obwohl von außerordentlichen Phänomenen die Rede gewesen war, hatte er mich nicht sonderlich berührt. Unter dem Eindruck dieses Gesprächs schrieb ich jedoch sofort an ihn und trug im wesentlichen 3 Bitten vor: a) er möge meinem Kind helfen, b) er möge mir bei der Entwicklung und dem Verständnis meiner Medialität helfen, c) er möge mein spiritueller Führer werden. Dann wartete ich mit grosser Naivität und Ungeduld auf eine Antwort, denn zu jenem Zeitpunkt wußte ich noch nicht, daß Sai Baba täglich Tausende von Bittbriefen entgegennimmt.

Eine Antwort in Form eines Briefes blieb aus. Stattdessen ereignete sich etwas ganz und gar Merkwürdiges. Als ich am Nachmittag des 2. Dezembers 1981 ins Wohnzimmer ging, sah ich, daß Mirjam mit den Füßen etwas vor sich herschob. Es waren Textseiten, schon etwas vergilbt und offenbar aus einem Buch herausgerissen. Ich hob sie auf und begann zu lesen. Es waren die Antworten auf meine Fragen in verallgemeinerter Form!

Erst später fand ich heraus, daß die Textseiten aus einer älteren Ausgabe der Esotera stammten, die es jedoch nicht in meiner Bibliothek gab. Es gab für ihr Erscheinen keine andere Erklärung als die, daß es sich hier um eine höchst erstaunliche Materialisierung Sai Babas handelte.

Ein Jahr später flog ich mit einer Gruppe von Frau Dr. Rees nach Puttaparthi in Südindien, um Sai Baba zu sehen. Ich hatte nur vier Tage Zeit. Leider bekam die deutsche Gruppe kein Interview, und ein persönliches Gespräch wurde mir nicht gewährt. Aber ich konnte einen Bittbrief abgeben, ein paar Sätze mit ihm wechseln, aus 2 m Entfernung die Materialisation von vibuthi, der heiligen silberfarbenen Asche, erleben und seinen Segen erhalten.

Die Höhepunkte dieser vier Tage waren die dharshans, wenn die Frauen sich in ihren farbenprächtigen Gewändern um den Tempel scharten, wie bunte Blumen im gleissenden Sand, und auf der anderen Seite die weissen Reihen der Männer. Wenn die kleine, fast zarte Gestalt Sai Babas erschien, löste sich die schweigende Spannung in einem erwartungsvollen Raunen, und Hunderte von Händen streckten sich ihm entgegen. Oder waren es die Stunden im Tempel, wenn der Meister erschien, auf dem Prunksessel Platz nahm, Blumengirlanden um den Hals, und im Rhythmus der heiligen Gesänge die Hände bewegte, während er jeden einzelnen mit einem liebevollen Blick umfing, dessen Leben und Leiden zugleich erfassend? Christus und Buddha, Rama und Krishna schienen in diesem kostbaren Augenblick in eins zu verschmelzen.

Zu Hause wartete wieder der Alltag. Das Wunder an Mirjam blieb aus, im Gegenteil, ihr Zustand verschlechterte sich.

Heute ist sie 17 Jahre alt, aber in ihrer geistigen und emotionalen Entwicklung auf der Stufe eines Babys. Obwohl sie von der Krankheit gezeichnet ist, hat sie die zauberhafte Schönheit einer Elfe. Sie spricht kein Wort, ist zu keiner selbständigen Leistung fähig, und doch habe ich von ihr mehr gelernt als in all den Jahren zuvor.

Ohne sie hätte ich mit Sicherheit den Weg zu meinen jenseitigen Helfern nicht gefunden, und vieles, was mir von drüben mitgeteilt worden ist, wäre mir verborgen geblieben. Sie hat mich gelehrt, daß das Leid die Möglichkeit der Verwandlung enthält und daß das Leben nichts anderes ist als ein langer Transformationsprozeß, an dessen Ende der zum Gottesbewußtsein erwachte Mensch steht.

Und nun lasse ich KIM zu Wort kommen!

II.

A N T W O R T E N

Gesundheit

Gesundheit bedeutet im eigentlichen Sinne Harmonie im Inneren. Wer sich im Einklang mit der Natur und der Gesellschaft, d.h. mit seiner Umgebung befindet, der wird niemals eine Krankheit entwickeln, es sei denn er trage bereits karmische Krankheitskeime in sich. So ist das Geschehen zwiefältig: Krankheiten, die man mitgebracht hat, und andere, die man erwerben kann durch eine falsche Einstellung.

Wer krank wird, sollte also zunächst sehr sorgfältig nach der Ursache suchen, nicht einer äußeren, sondern einer geistigen. Dort auf der Kausalebene beginnt die Krankheit, und ihre Manifestation auf der physischen Ebene ist das Endglied einer sehr langen Kette von Verdichtungsprozessen.

Machen wir es uns an einem Beispiel klar: eine Frau möchte eine Ehe auflösen. Sie tut dies mit sehr vielen Haßgefühlen gegenüber ihrem früheren Mann. Er hat sie verletzt, und sie spürt immer wieder die Wunden, die er ihr und ihrem Selbstbewußtsein beigebracht hat. Je länger sie sich mit diesem evtl. notwendigen Ablösungsprozeß beschäftigt, um so stärker verdichtet sich der Haß von einer Larve zu einem bösen Wesen, das sich in die Aura der Frau einnistet, ihre Züge verfinstert, sie häßlich und düster macht, ihr einen Schwächezustand einbringt, denn dieses Wesen ernährt sich ja von ihren feinstofflichen Körpern, und schließlich kommt es zu Angstzuständen und Herzsensationen bis zu gelegentlichen Herzattacken. Nicht selten enden also Scheidungen mit dem Herztod oder einer Herzneurose oder einem Unfall.

Alle Krankheiten, die auf einen Mangel an Liebe zurückzuführen sind, spielen sich am Herzen ab; alles Kreisen um die Materie, um Geld und Besitz, führt zu Krankheiten im Bereich von Magen und Darm, und alle geistige Verwirrung ist auf frühere schwere magische Vergehen zurückzuführen. Man könnte dies noch weiter ausführen natürlich.

Aber ich möchte noch ein paar Worte zu dem sagen, was ihr Krankheitsvorbeugemaßnahmen nennt. Die wichtigste Maßnahme ist ganz einfach, sich eine durch und durch positive Lebenshaltung zu eigen zu machen, die jedem Menschen zu sein erlaubt, wie er ist, und auch seine Defizite erträgt und sich nicht zum Richter macht. Kritik ist eine große Krankheitsquelle für den, der sie übt, und den, dem sie gilt.

Ihr werdet feststellen, wie z.B. viele Politiker im Laufe ihrer Regierungsperiode fahl und fad aussehen, weil zu viele Kritiker ihnen auf der Lauer liegen. Ist dieser Mensch nun auch noch verletzlich, d.h. läßt er sich treffen von dieser Kritik, so schwindet seine Lebenskraft vorzeitig dahin. Also ein sprichwörtlich dickes Fell zu haben, ist die unabdingbare Voraussetzung für jeden, der sich auf dem Feld der Politik seine Sporen verdienen will.

Aber zurück zu unserem Thema. Ein hohes Alter in aller Frische erlebt der, der sich ständig mit Gott und höheren Wesenheiten verbindet, der deren reine Ströme in sich aufnimmt und sich so mit einem strahlenden Feld umgibt, das die Ärzte ein gutes Immunsystem nennen. Eine Immunschwäche ist nichts anderes als falsches Denken und falsche Gefühle und daraus resultierend natürlich ein falsches Leben. Gesundheit ist also kein Schicksal, sondern zum großen Teil Lebensaufgabe.

Diät

Zusätzlich zu der geistigen Haltung, soz. dem strahlenden Schild, der den verletzlichen Körper schützt, können wir einige ganz konkrete Dinge tun, um unseren Körper in einer guten Verfassung zu erhalten.

An erster Stelle sei hier die Diät genannt. Darunter verstehe ich eine dem höheren Lebewesen, das der Mensch recht eigentlich darstellt, zuträgliche Kost, die sein Streben nach Evolution unterstützt und ihn nicht länger auf einer niederen, ihm nicht gesetzmäßigen Stufe verharren läßt.

Diese Nahrung setzt sich in der Hauptsache aus 3 Elementen zusammen: Getreide, Gemüse und Obst und wenig Eiweiß in Form von Milch und Eiern. Alles Tierische ist zu meiden und zwar aus einigen Gründen, die ich gern nennen will. Bevor ich dies tue, muß ich natürlich sagen, daß dies eine Idealkost ist, die das Ziel sein sollte für den `erwachten´ Menschen, die aber nicht erzwungen werden kann und soll. Wer also noch ein unersättliches Verlangen nach Fleisch und Wurst hat, der sollte es stillen, wohl wissend, daß er seinem Körper damit keinen allzu guten Dienst erweist, denn es ist tote Nahrung, im eigentlichen Sinne Aas. Fäulnis und Gärung spielen sich viel stärker in unseren Eingeweiden ab, wenn wir diese Art von Nahrung zu uns nehmen. Schlechte Gerüche entweichen durch die Poren unserer Haut, und wer sich weit entwickelt hat, wird den Fleischesser vom Vegetarier bereits an seinen Ausdünstungen erkennen. Aber sagen wir so: niemand möge sich schlechter fühlen, wer Hunger auf Fleisch hat, und niemand möge anmaßend und stolz sein, wer dies bereits überwunden hat. Es ist nur ein Indiz dafür, daß der eine seinen Entwicklungsprozeß etwas weiter vorangetrieben hat als der andere, und irgendwann werden sich beide in ihren Ernährungsgewohnheiten angleichen. Dies ist nur eine Frage der Zeit. Falscher Hochmut ist hier also ganz fehl am Platze.

Fleischnahrung führt zu einem Absinken der Frequenz der feinstofflichen Körper, was auch bedeutet, daß sich andere Wesenheiten um einen scharen, denn Gleiches zieht Gleiches an. Auch dies ist ein Grund, sich allmählich auf einen Nicht-Fleisch-Esser hinzuentwickeln.

Eines Tages ist es so weit, daß man plötzlich feststellt, daß man sich davor ekelt, und dann ist die Stunde gekommen, seinen Ernährungsplan umzustellen, ganz systematisch. Sehr viel Gemüse in frischer und gekochter Form, etwas Obst und zwar vorwiegend aus dem heimischen Anbau, obwohl ich hier nicht rigoros sein möchte, weniger Ei und Milchprodukte. Der Hauptakzent liege jedoch auf Getreide. Hier sollte man, um den Magen-Darm-Trakt schonend zu erziehen, beginnen mit Flocken und allmählich etwas gemahlenes und geschrotetes, leicht gekochtes Getreide hinzumischen, bis schließlich ganz auf die Flocken verzichtet und reine Schrotnahrung gegessen und mühelos verdaut werden kann. Dies wäre das Ziel. Der Verdauungsapparat leistet dabei einen großen Einsatz, das muß man wissen, aber es lohnt sich. Strahlendes Aussehen und ein erstaunliches Wohlbefinden stellen sich nach und nach ein. Mit wenig Milch ist der Eiweißbedarf schon gedeckt. Hunger auf Süßes verschwindet mehr und mehr, da die Kohlehydrate des Getreides einen Vorzucker enthalten, der für den menschlichen Organismus viel zuträglicher ist. Ein wenig Fett in Form von reiner Butter und Öl täglich rundet die ganze Kost ab. Verzichtet wird auf Alkohol und Chemikalien gleich welcher Provenienz. Die Leber ist ein empfindliches Organ, sie möchte geschont werden. Es fallen schon genügend Gifte in der Nahrung an, die sich in der langen Nahrungsmittelkette vervielfachen. Also bitte, ein wenig Enthaltsamkeit wirkt auch hier Wunder. Gegen eine Tasse Bohnenkaffee ist natürlich ab und zu nichts einzuwenden, aber die Regel sollte auch er nicht sein, besser ist ein Kräutertee.

Die Wirkung einer solchen Diät läßt sich durch eine bestimmte geistige Haltung potenzieren. Man muß es ausprobieren, um es zu glauben. Die schlechte Gewohnheit, beim Essen zu sprechen oder gar zu lesen, sollte aufgegeben werden. Ehrfürchtiges Schweigen und eine dankbare Grundstimmung sollte vorherrschen. Gedanken des Friedens und der Ruhe sollten in der Seele des Speisenden einziehen und Freude über das Fest der Nahrungsaufnahme. Die Bewußtheit der Handlung ist das Wesentliche. Hier werden die meisten Fehler gemacht. Es wird gegessen, während der Fernseher oder das Radio läuft, es wird gestritten, diskutiert. Das Essen läuft mechanisch nebenher. Und dann beansprucht man auch noch den Aufbau eines kräftigen Organismus! Wie weit haben sich die Menschen von Gott entfernt! Gott wohnt auch in der Nahrung! Wir sollten ihn jedenfalls auch dort erwarten.

Dies ist das größte Geheimnis einer dauerhaften Gesundheit, Gott in der Nahrung zu begegnen.

Schlaf

Wir verschlafen rund ein Drittel unseres Lebens. Das ist gut so. Ohne den Schlaf wären wir permanent vergiftet. Alle Entgiftung der tagsüber unentwegt tätigen Organe läuft nachts ab, denn die Ruhe erlaubt den Abbau von Schlacken und Giften. Wer also täglich seinen Körper um eine oder zwei Stunden Schlaf beraubt, verhindert dessen notwendige Reinigung, und dies führt zu Stauungserscheinungen und Stoffwechselstörungen, die wiederum ein Krankheitsgeschehen auslösen können. Der Schlaf ist also unser Lebensspender, obwohl er ein Bruder des Todes ist.

Im Schlaf weilen unsere feinstofflichen Körper, die Seele insbesondere, auf den ihnen adäquaten Ebenen, um dort zu lernen oder sich zu erholen. In manchen Träumen kann dies erfahren werden. Andere Träume sind nur astrales Kauderwelsch, bedingt durch ein chaotisches Leben. Wer sein Leben bewußt und diszipliniert lebt, träumt auch intelligent, d.h. zusammenhängend. Alpträume oder turbulentes Durcheinander zeigen eine mangelhafte Koordination der astralen Partikel an. So kann das Studium der Träume oder des Traumgeschehens Aufschluß geben über das Niveau des Menschen in geistiger und gesundheitlicher Hinsicht. Wer seine Träume nie erlebt, hat eine zu starke Blockade seines Ichs. Er sollte versuchen, eine Lockerung seiner Lebensumstände und seines Handelns herbeizuführen, so daß die Durchlässigkeit der einzelnen Körper wieder gewährleistet ist. Es ist gut, auch den Tag durch eine kurze Schlafpause zu halbieren. Dies sollte rhythmisch geschehen, täglich zur gleichen Zeit und nicht lange. Man kann sich dazu erziehen, eine halbe Stunde nach dem Mittagessen zu schlafen. Das genügt, um die Lebensgeister zu erfrischen.

Wichtig ist die Beschaffenheit des Bettes, die Stellung auf Böden frei von Wasseraderkreuzungen und möglichst in einer lärmfreien Umgebung. Auch frische Luft sollte dem Körper während des Schlafens zugeführt werden. Alte und ganz junge Menschen sollten nur selten zusammen schlafen, da ein energetischer Austausch stattfindet zu Lasten des jungen Menschen. Auch sehr erschöpfte Menschen laden sich bei Kindern wieder auf, was vermieden werden sollte. Es genügt schon, etwa 5 m entfernt voneinander zu schlafen.

Dagegen sollten Eheleute nebeneinander schlafen, um die geistige und körperliche Osmose kontinuierlich voranzutreiben. Die zwei Schlafzimmer dokumentieren schon die erste Zerfallserscheinung einer Ehe. Man entwickelt sich aneinander vorbei statt aufeinander zu. Wer sich vor dem anderen ekelt, ist wowieso nicht mit ihm verheiratet. Intimität ist immer rein, solange beide sich in der Tiefe lieben. Alle anderen Empfindungen zeigen, daß die Liebe nicht tief genug ist. Miteinander schlafen heißt, sich zu jenem einmaligen Wesen zurückzuentwickeln, das man einmal gewesen ist, bevor der Mensch in seine Dualpartner zerfiel. Jede Ehe ist ein Schritt - manchmal ein sehr kleiner Schritt - in diese Richtung, und der Schlaf im Bett nebeneinander ist ein ganz wichtiger Teil in diesem Prozeß.

Der natürliche Tod sollte im Schlaf erfolgen, schmerzlos, wie wenn die Seele von einem Besuch in anderen Gefilden nicht mehr zurückkehren wollte, weil es ihr dort besser gefallen hat. Wer so stirbt, hat im Tod immer einen Freund gesehen, keinen Gegner, mit dem ein Kampf auszufechten ist. Ein Todeskampf zeigt immer eine gewisse Unreife der Seele. Eingeweihte oder Meister sehen die Stunde ihres Todes voraus und gehen voll bewußt über die Schwelle. Streben wir ihnen nach.

Hygiene

Wir möchten euch vorschlagen, den Tag mit einem Lied zu beginnen, das ihr während des Duschens singt. Ein fröhliches Lied, das den neuen Tag besingt und euch darauf einstimmt. Singen ist eine der besten Atemübungen und zugleich ein Stimmungsaufheller. Nicht jeder ist morgens gleich eine Stimmungskanone. Dieser kleine Trick hilft bestens.

Eine warme Dusche ist morgens sehr gut zur Kreislaufanregung, wenn ein etwas kühlerer Strahl die Aktion beendet. Ich sage ausdrücklich nicht \`kalter´ Strahl, denn dies ist für nicht geübte Organismen ein echter Schock und deshalb gefährlich. Aber ein ganz schwacher Temperaturkontrast ist sehr hilfreich zur Ankurbelung des Kreislaufes, der bei manchen Menschen morgens erheblich labil ist.

Am Abend empfehle ich nur eine Waschung, da Duschen den Schlaf vertreibt. Einmal in der Woche ein recht angenehm warmes - nicht heißes - Bad, das reicht, um eine echte Reinigung des Organismus über die Haut anzuregen. Zuviel Bäder entmineralisieren den Körper und haben Schwächezustände zur Folge.
Soviel zur Wasserbehandlung.

Ein Saunabesuch ist immer dann empfehlenswert, wenn Stauungsbeschwerden irgendwo auftauchen. Zu einer regelmäßigen Einrichtung würde ich dies für Mitteleuropäer nicht machen.

Nach der Dusche morgens empfehle ich ein wenig Gymnastik am offenen Fenster und tiefe Atemzüge dabei. Dann warm anziehen und sich für den Tag und seine Überraschungen schön machen.

Erst dann sollte man sich an den Frühstückstisch setzen und ohne alle Hast frohgestimmt essen. Die Unsitte, im Stehen eine Tasse Kaffee zu sich zu nehmen und dann zur Arbeit aufzubrechen, ist ein Verstoß gegen die Gesundheit und führt auf Dauer zu schweren Schäden, vor allem im seelischen Bereich. Denn der Anfang ist immer das wichtigste Element bei allen Unternehmungen. Ist der Anfang gut geglückt, stellen sich Energieschübe ein, die sehr schnell über den Vormittag tragen.

Biologische Kosmetik

Die biologische Körperpflege basiert auf zwei grundlegenden Erkenntnissen: 1. Wer die Natur liebt, führt ihr nur natürliche Pflegemittel zu und 2. was an Energie verloren geht, muß ersetzt werden. Also werden wir konkret: die beiden Mittel, die für Gesichts- und Körperpflege vorwiegend eingesetzt werden sollten, sind Bienenhonig, dieser allerdings in der reinsten Form, und Quark (und evtl. andere Abkömmlinge der Milch). Ein drittes sollte erwähnt werden. Ein gutes Hautöl, z.B. das Rotöl = Johannisöl, gehört unbedingt zu einer täglichen Pflege.

Was an Energie verloren geht, muß ersetzt werden. Wenn ich täglich arbeite, gebe ich Energie ab, und dies zeigt sich in einem Alterungsprozeß der Haut an. Im Laufe der Jahre werden diese Abnutzungserscheinungen sichtbar in der Sprödigkeit, feinen Haarrissen und schließlich dem Welkwerden und dem Auftreten kleiner Fältchen. Ist es bereits so weit gekommen, ist alle Hilfe nur noch Abwehr, fast keine Milderung mehr. Also das heißt, möglichst frühzeitig muß solchen Verfallserscheinungen vorgebeugt werden.

Männer ab 30 und Frauen ab 25 Jahren sollten täglich folgende Reinigungsriten vollziehen.

Morgens den ganzen Körper kühl bis lauwarm duschen, danach sehr gut abfrottieren. Dann Einreiben mit Öl (s.o.). Das Gesicht erfordert eine Spezialbehandlung. Reinigung mit klarem Wasser lauwarm morgens. Dann Auftragen einer weichen Feuchtigkeitsemulsion, bestehend aus etwas Milch und Honig, zu gleichen Teilen vermischt. Dies ein paar Minuten einwirken lassen, dann lauwarm abwaschen. Ein wenig Öl einmassieren, das ist alles. Hält den ganzen Tag an.

Abends Ganzkörpermassage mit einer Bürste oder Duschen

mit warmen Wasser, auch einmal in der Woche ein Bad mit Milch und Honigzusatz (1 1/2 l Milch, 2 Tassen Honig). Das Gesicht wird ebenfalls mit Milch gereinigt, dann mit einem Öl behandelt und nachts gut gelagert, d.h. nicht in einem quellenden Kopfkissen, sondern flach.

Ein- bis zweimal in der Woche sind Sonderbehandlungen angezeigt. Halbstündige Masken für das Gesicht, bestehend aus 100 g Quark, 1 Eßlöffel Johannisöl und 2 Eßlöffel Honig, auch geschroteter Leinsamen (1 Eßl.) auftragen und 1 halbe Stunde flach liegen. Augenpartie aussparen, dann mit warmem Wasser abtragen, einölen.

Körperbehandlung: Ganzkörperölmassagen mit weichem, warmem, in Öl getränktem Waschlappen, ungemein kräftigend und anregend.

Zeugung und Geburt

Am Anfang allen Seins stand eine Urzeugung. Gott schuf das Weltall aus sich heraus. In einem Akt des Ausströmens entstand alles, was sich euren Blicken darbietet.

Jeder Zeugungsakt ist eine Wiederholung jenen Vorganges mit einem wesentlichen Unterschied. Geist und Materie sind getrennt, während sie dort durch die Urzeugung erst getrennt wurden. Aber auch hier haben wir das Ausströmen von Geist und das Verdichten zur Materie. Der Mann als Träger eines Geistfunkens strömt einen Teil davon in den Träger eines anderen Geistfunkens (Frau) aus. Die Frau bietet für diesen Lebenskeim die Hülle und die Stoffe zur Werdung oder Verdichtung. So ist der Zeugungsakt göttliches Tun par excellence, und wer diesen Vorgang profaniert, macht sich schuldig.

Während des Heranwachsens des Embryos umgibt sich der Geistfunke bereits mit einem astralen Gehäuse, das mit dem werdenden Menschlein heranwächst bis zum Tag der Geburt. Erst mit dem Schrei des Kindes verbinden sich alle drei Körper, der physische, der astrale und der geistige zu einer Einheit. Dort wo dieses Gefüge nicht nahtlos verbunden wird, entstehen sehr bald Störungen oder Krankheiten. Der Akt der Geburt ist also für den Start ins Leben von einer nicht zu überschätzenden Bedeutsamkeit.

Der Geistfunke überwacht das Wachsen des Lebenskeims und weiß die Stunde der Geburt. Er leitet die Geburt ein, indem er dem Träger - der Mutter - seine Impulse übermittelt. Alsdann nimmt das Geschehen seinen Lauf, die große Trennung vom alten Gehäuse setzt ein, der erste Ablösungsprozeß, der den Tod der Erinnerung an frühere Leben bedeutet. Denn alles ist in der Seele eingezeichnet, was an

Erfahrungen erworben ist, was an Wissen vorhanden ist. Diese Seele ist das Erfahrungsvehikel des Geistfunkens, seine Möglichkeit, in die dreidimensionale Welt einzutauchen.

Verläuft die Geburt harmonisch und in großer Feierlichkeit, so wird das Leben des Kindes soz. eine solche "Urstimmung" haben. Ist sie dramatisch oder chaotisch, müssen Medikamente oder gar technische Hilfsmittel eingesetzt werden oder gar eine Operation mit Vollnarkose, so ist das Leben des Kindes von Anfang an überschattet, gefährdet oder mit begleitenden Störwesen versehen.

Man hat sich heute sehr weit von der Natur entfernt. Immer mehr werden Kaiserschnitte als die ideale Art einer "Geburt" angesehen, dabei ist sie - von esoterischer Seite aus gesehen - die schlechteste, weil sie den Vorgang dem bewußten Erleben von Kind und Mutter entzieht und sie einbettet in einen Traum- oder Dämmerzustand, der irgendwie eine reale Beziehung zueinander gefährdet. Eine Mutter, die ihr Kind mit übermenschlicher Gebärkraft herauspreßt, weiß, daß sie einem anderen SEIN Leben geschenkt hat. Eine Mutter, der, während sie noch narkotisiert ist, ein Kind in den Arm gelegt wird, empfängt ein Geschenk, ein Geschenk des Himmels vielleicht, aber ein wesentliches Element ist ihr vorenthalten und auch dem Kind. Es ist"im Rausch" auf die Welt gekommen, nicht kraft eigener Bemühung. Viele autistische Kinder sind Kaiserschnittkinder. Die Verklebung der 3 Körper des Kindes kann häufig nach einer Vollnarkose, während der astrale Körper sich weit von der physischen Hülle entfernt, nur unvollkommen geschehen, und schon treten pathologische Zustände auf. Wesen fremden Ursprungs können sich einnisten, wenn das Gefüge locker ist, Angstzustände beherrschen das Kind, der Trennungsvorgang war zu abrupt, zu künstlich.

Ihr habt eine sog. Therapie entwickelt, die zum Erleben des Geburtsvorganges zurückführt. Sie ist nicht ohne Gefahr und sollte nur von ganz erfahrenen Therapeuten vorgenommen werden. Denn nicht selten ereignet sich etwas während des Geburtsvorgangs, was, als Erwachsener erlebt, kaum noch in das Leben integriert werden kann. Rückführungen um jeden Preis möchte ich nicht empfehlen. Ausgewählte Details, die manchmal zur Klärung eines Krankheitsgeschehens verfügbar gemacht werden, sind besser. Sie enthüllen, wühlen aber die Seele nicht unmittelbar auf. Es ist in jedem Fall besser, den Akzent auf die Gegenwart und das, was getan werden kann, zu legen, als Bilder aus der Vergangenheit neu zu beleben. Das heißt nicht, daß ich diese Art von Therapie verwerfe. Sie gehört aber in die Hände von hohen reinen Seelen, die bereits mit ungebärdigen Elementen umzugehen verstehen. Diese werden wissen, was ich meine. Als Beispiel zu besserem Verständnis ein Vergleich: im allgemeinen rate ich zu wenig Operationen, aber in manchen Fällen ist eine Operation die letzte Rettung. Aber zu dieser Operation benötigt man einen klugen und erfahrenen Könner, der seine Gabe mit Geschick und Kalkül einzusetzen versteht. Nicht wahr, nun ist es klarer geworden.

Zeugung und Geburt sind der Beginn unseres Lebens, und im Beginn ist alles in nuce enthalten, deshalb die ungeheuere Bedeutung dieser Vorgänge. Die sanfte Geburt, die für Frau und Kind optimale Voraussetzungen schafft, ist die geeignetste. Die Anwesenheit des Mannes ist wünschenswert, aber nicht erforderlich. Die Entscheidung liegt allein bei den Eltern. Wir nennen es das "Fest der Inkarnation", wenn ein neues Leben beginnt.

Künstliche Befruchtung

Wer seinem Kind eine stabile Seele und einen gesunden Organismus vererben möchte, der möge sich an solchen Experimenten nicht beteiligen. Solche Eingriffe sind Eingriffe ins Karma eines Menschen. Wer seine Kinderlosigkeit nicht ertragen kann und zu menschenunwürdigen Experimenten Zuflucht nimmt, der vergeht sich an Gottes Plänen. Denn Gott hat es ihm bestimmt, kinderlos zu sein, und er hätte sein gutes Herz und seine Kinderliebe auch anders zeigen können. Wer die Wissenschaft verabsolutiert und ihr überhaupt keine Grenzen mehr setzt, der ist wie Eva, die den verbotenen Apfel im Paradies aß. Gott läßt sich aber nicht ins Handwerk pfuschen. Solche medizinischen Meisterleistungen sind Ohrfeigen ins Gesicht Gottes. Leben zeugen ist ein heiliger Akt, ein schöpferischer Akt, und keine Labor- und technische Leistung. Die Unwürdigkeit des Eingriffs wird meist von beiden Ehepartnern empfunden. Glauben sie denn, daß eine Seele sich mühelos auf diese Weise heranziehen läßt? Meist werden minderwertige und noch recht junge Seelen abkommandiert, um dort ihre Inkarnation durchzuführen. Manchmal scheitert dieses Experiment auch, denn obwohl alle \`Ingredienzien´ vorhanden sind, fehlt doch der Überschwang der Liebe, der das Leben gebiert. Selbst im Zoo werden kaum Junge geboren. Wie unweise ist der Mensch, sich die höchsten Augenblicke göttlicher Schöpfungskraft durch die Wissenschaft verpfuschen zu lassen.

Abtreibung

Der Wunsch, ein Kind zu bekommen, ist der Keim allen Lebens. Die Absicht, sich noch einmal zu reproduzieren, ist ein tief in der Seele verankerter Trieb aller Lebewesen. Ohne diesen Wunsch wäre eine Zeugung unmöglich. Hat einer der Partner eine unausgesprochene Abneigung, von seinem Gefährten ein Kind zu bekommen, so wird sich keine Seele bereitfinden, sich dort zu inkarnieren. Anders bei Gewaltakten. Hier werden auch Seelen gezwungen, sich ein schweres Schicksal aufzuerlegen zum Zeichen der Sühne. Aber freiwillig inkarniert sich kein Wesen bei Menschen, die sich nicht lieben. Wenn also eine Ehe kinderlos bleibt, so ist häufig eine solche seelische Fremdheit ein Faktor im Geschehen.

Es gehört zu den größten Mysterien der Menschheit, ein Kind in das Leben hineinzutragen. Selbst die äußeren Kennzeichen entbehren nicht der Würde. Wie aber, wenn man all die Vorgänge sichtbar machen könnte, die eine schwangere Frau und ihr werdendes Kind umgeben. Eine zarte Hülle umgibt sie von dem Augenblick an, da sich Ei und Samen begegnen und zu einem neuen Menschenkern zusammenschließen. Dann hat das werdende Menschenkind bereits Kontakt mit seiner zukünftigen Seele, der Trägerin seines Ichs. Diese umgibt es in den folgenden langen Wochen und Monaten und nimmt alles in sich auf, was sich an Gedanken und Gefühlen dem Embryo nähert. Gute Impulse, negative, ablehnende Gedanken werden wie eine Tischdecke eingewebt und bestimmen später das Leben des jungen Erdenbürgers. In dieser Zeit sollten die Mütter so geschont werden wie die jungen Rehe im Wald, die trächtig sind. Aber was tun sie? Sie mißachten oft die ungeheure Aufgabe, die sie übernommen haben und wollen sich von ihrem Kind trennen. Es ist ganz unvorstellbar, wie sie dadurch in den göttlichen Plan, in den jede Menschwerdung eingetragen ist, hineinpfuschen, welche Verwirrung dadurch auf den anderen

Seinsstufen entstehen und wieviel ausgebügelt und neu eingerichtet werden muß. Das abgetriebene Kind, die Wohnstatt der Seele, ist zerstört, und die Seele, die sich inkarnieren wollte, ist quasi heimatlos geworden. Sie muß nun auf die Suche gehen, denn eine Verkörperung muß zu einem bestimmten Termin stattfinden, sonst überschneiden sich die Fäden des Schicksals. Eine neue Mutter muß gefunden werden, die Aussicht hat, eine Frühgeburt zur Welt zu bringen, denn der Termin der Geburt ihres Kindes steht fest. So hat eine abgetriebene Frucht immer schon eine Frühgeburt zur Folge. Wesentlich wirkungsvoller aber ist das, was mit dem Organismus der Mutter geschieht. Hier wurden Weichen für eine Schwangerschaft gestellt, jetzt muß alles wieder rückgängig gemacht werden. Eine Frau, die öfter abtreibt, manipuliert ihren Körper auf eine brutale Weise. Es besteht kein Zweifel, daß dieser Organismus nur noch schwerfällig einer normalen Geburt den Weg frei machen kann, und es ist nicht selten, daß mißgebildete und irgendwie belastete Kinder sich den Körper solcher Frauen suchen, die sich von ihrem Kinde leichtfertig trennten. Du fragst, ob die Frau immer zur Rechenschaft gezogen werden muß. Ich sage ja. Wer Gottvertrauen hat, wird in jeder Situation, von jedem Mann und in allen Lebenslagen zu seinem Kind stehen, das bereits Geborgenheit im Mutterleib gefunden hat. Eure Gesetze sind Auswüchse eines technisierten und von der Natur weit entfernten Zeitalters, Achtung vor der Größe des kleinen Lebens ist ihm fremd. Du aber weißt es nun, es schützt dich kein Gesetz mehr vor der Mißachtung eines Gnadenstandes.

Defloration

Es ist von ungemein wichtiger Bedeutung, mit wem ein junges Mädchen den ersten sexuellen Kontakt hat. Die Prägung des zukünftigen ersten Kindes erfolgt durch den ersten Liebespartner, d.h. das Kind wird die Züge des Mannes tragen, der der Frau seinen Stempel aufgedrückt hat. Dies kann aber auch durchaus technisch gesehen werden, denn es ist das Zerreißen des Hymens, das entscheidend ist, nicht das Penetrieren. Diese erste Verletzung ist zu vergleichen mit dem Zerreissen des Vorhanges im Tempel und dem Anblick des Heiligtums. Die menschlichen Sexualorgane sind im Grunde die heiligsten Teile des menschlichen Körpers, und sie werden durch lockere Sexualpraktiken sehr beschmutzt. Je größer die Zahl der Liebhaber, um so verwirrter werden die Wesen auf der anderen Seite, die auf eine Inkarnation aus sind. Es ist für sie einfacher, die passenden Verhältnisse zu finden, wenn die Partnerbeziehung stabil ist. Erst wenn eine Ehe im Innern ganz tot ist, ist sie auch für die sich inkarnierenden Wesen tabu. Denn Leben möchte in eine lebendige Welt, in der Wärme herrscht.

Aids

Diese Krankheit mit dem irreführenden Namen wird die Geißel des ausgehenden Jahrtausends werden, denn es wird sehr schwer sein, eine Begrenzung vorzunehmen und ein Medikament zu finden, das die Krankheit tatsächlich beseitigen kann. Es ist so: Wer einmal davon befallen wird, ist nicht mehr zu retten. Die Suche nach Hilfe muß sich also auf vorbeugende Maßnahmen beschränken, denn der Körper kann nichts mehr tun, wenn sein Immunsystem außer Funktion gesetzt ist.Ein Vergleich: zerstöre den Bordcomputer einer Weltraumfähre, und außer mangelhafter Handsteuerung ist nichts mehr zu tun. Ist das Immunsystem nicht mehr fähig, die angreifenden Viren zu killen mit den körpereigenen Abwehrzellen, dann kommt jede Hilfe zu spät.

Die Ursache dieser Krankheit liegt in der Ansteckung mit verseuchten Tieren und Menschen. Die Krankheit ist eingeschleppt worden aus Tropengebieten, wo Viren außerordentlich virulent sind. Kommt nun ein solcher Virus über die Schleimhäute in den Organismus eines geschwächten Menschen, so tötet er zunächst die Abwehrzellen, um seine eigene Sicherheit und Ausbreitung zu gewährleisten. Dieses System ist heimtückisch und entspricht der gegenwärtigen Mentalität der Menschen. Basis für die Ausbreitung ist die seelische Verseuchung oder sollte ich besser sagen Verarmung des Menschen. Ein seelisch starker und strahlender Mensch wird AIDS nicht bekommen, er wird sich nicht mit jenen einlassen, die diesen Virus unerkannt in sich tragen. Ich warne euch aber, zu vertrauensselig zu sein. Jeder kann Überträger sein, und ein einziger Kuß genügt oder ein Anhusten oder ein Anhauchen, und der Virus macht es sich bequem und breitet sich aus.

Der Verlauf ist ebenfalls sehr heimtückisch. Zunächst merkt der Befallene gar nichts außer gelegentlichen Schwächeanfällen und einer enormen Müdigkeit, die ihn zeitweise überfällt. Dann tritt unter der Haut eine Schwellung auf und noch eine, und bald ist der Mensch übersät mit Karbunkeln und Pusteln, die die Festungen dieser Viren darstellen. Dort vermag auch eine medizinische Einwirkung nichts, denn das Blut ist bald verseucht, und nirgends ist noch eine saubere Stelle im Organismus. Allmählich treten Schmerzen auf, die nur noch durch schwere Schmerzmittel gedämpft werden können. Der Tod kommt auf leisen Sohlen, aber er kommt in jedem Fall.

Ich weiß nicht, wie dieser Krankheit beizukommen ist, und ich sehe auch nicht, wie man sie besiegen wird. Ich spüre nur, daß die körpereigenen Abwehrzellen einen Schutzmantel brauchen, ein Serum, das sie vor den Angriffen schützt. Dieses wird aber sehr schwer zu entwickeln sein, da es andere lebenswichtige Bakterien des Körpers zerstören wird, bevor der Schutz definitiv gesichert ist. Und so wird dies eine ebenso schwierige und unlösbare Aufgabe wie beim Krebs sein.

Aber auch dieses Übel ist nur eines der vielen, die in der Endzeit als eine der Plagen auftritt. Es wird auf dem neuen Planeten Erde keine Menschen geben, die von AIDS befallen sind. Es wird diese Krankheit auch nicht geben, da die seelische Entsprechung fehlen wird.

Homosexualität

Diese Frage ist komplex genug, und ich werde dazu etwas weiter ausholen, um sie gebührend zu beantworten. Man möge Geduld beweisen und mir zunächst auf ein ganz anderes Gebiet folgen. Wir werden mit besseren Kenntnissen zu dieser Frage zurückkehren. Wie geschieht die Wahl unseres Geschlechts? Warum ist der eine ein Mann, der andere eine Frau? Warum sind einige Menschen bisexuell, andere homosexuell? Warum gibt es überhaupt zwei Geschlechter?

Die Frage des Nachwuches hätte Gott natürlich anders lösen können. Es gibt im Tierreich noch Wesen, die sich einfach teilen, um sich zu vermehren. Das wäre z.B. eine Möglichkeit gewesen.

Aber Gott hatte einen ganz anderen Plan im Sinn, als er die Menschen in zwei Gruppen schuf. Von allem Anfang an waren es eingeschlechtliche Wesen, denn er schuf die Menschen aus sich heraus nach seinem Bilde, und in ihm ist Weibliches und Männliches vorhanden. Die Wesen, die sich dann von seinem Bild entfernten, erlebten eine polare Gegensätzlichkeit in sich, die sie auf Dauer nicht hätten meistern können. Die Spannung wurde so groß, daß sich Gott entschloß, sie in zwei Wesen aufzulösen und zugleich eine fruchtbare und aufbauende Spannung zwischen ihnen herzustellen. So schuf er aus Adam, dem doppelgeschlechtlichen, Eva. Der Mythus in der Bibel sagt im Bild, was tatsächlich geschah.

Von nun an gab es zwei Geschlechter, die sich befehdeten oder anzogen, die sich beneideten oder bewunderten, die sich brauchten oder benutzten. Jeder trägt diese bipolare Anlage seelisch und auch äußerlich sichtbar in sich. Er hat sich vor der jeweiligen

Inkarnation selbst zu entscheiden, welches Geschlecht ihm mehr Möglichkeit zu bieten vermag. Selbstverständlich nur die reiferen Seelen vermögen dies zu erkennen. Alle anderen werden von vornherein auf ein bestimmtes Geschlecht festgelegt. Es ist in ihrem Lebensplan eingetragen mit den bekannten Symbolen Mars (♂) und Venus (♀). Als Mars werden dem Menschen andere Aufgaben gestellt als als Venus. Wer Kinder zeugt, ist ein anderer als der, der sie austrägt. Angriff und Schutz stehen sich gegenüber. Beides muß gelernt werden. Es ist zu verstehen, daß ich in diesen beiden Haltungen eine ganze Summe von Eigenschaften und Aufgaben subsumiere.

An sich ist jedes Geschlecht von gleichem Wert, von gleicher Würde. Unterschiede sind niemals in der Bewertung zu machen, lediglich in der Zuordnung von Aufgaben. Ich habe nichts dagegen, daß Männer heute Kinderwagen schieben, das ist auch eine Aufgabe von Vätern, und ich habe ganz gewiß nichts dagegen, daß Frauen heute studieren und in einem Beruf 'ihren Mann stehen'. Aber ich habe in der Tat etwas dagegen, wenn beide Geschlechter ihre Andersartigkeit leugnen und eine Gleichmacherei anstreben. Das ist eine Naturwidrigkeit ersten Ranges.

Kommen wir nun zu unserem Ausgangspunkt zurück. Homosexuelle sind Seelen, die den Entscheidungsprozeß nicht abgeschlossen haben. Sie wollten vielleicht eine Frau sein, wurden aber vom Lenker des Schicksals in die Rolle des Mannes gedrängt aus Gründen, die Gott einsichtig sind, die der Mensch aber offenbar nicht verstanden hat. So lebt er in der Revolte gegen einen ihm auferlegten Zwang. Ein Mann mit den Geschlechtsorganen eines Mannes möchte weibliche Dinge tun, sieht in den Frauen seine Schwestern und möchte von einem Mann verführt werden. Ihre Seele ist unruhig und zerrissen, denn sie ahnt, daß etwas von ihr nicht bewältigt worden ist, bevor sie sich inkarnierte. Homosexuelle verdienen keine Züchtigung durch die Gesellschaft, aber auch keine Sonderstellung, keine Privilegien. Sie sollten behandelt werden wie alle anderen Menschen auch, die sich einer Aufgabe entziehen. Sie sollen gefordert werden, auf anderen Gebieten etwas Besonderes hervorzubringen, einen Ausgleich zu bringen, einen Akt der Versöhnung mit dem göttlichen Plan anzubahnen.

Eine Frau, die ihr Kind abtreibt, tut nichts anderes als ein Homosexueller, mit der Einschränkung, daß die Verweigerung sich nicht vor, sondern während der Inkarnation ereignet. Das ist der ganze Unterschied. Ein Selbstmörder tut im Prinzip Ähnliches, denn auch er nimmt Gott das Heft aus der Hand, er will es besser wissen.

Es wäre gut, wenn die Menschen es insgesamt lernten, sich dem Willen Gottes zu beugen, seine Entscheidungen als das einzig Richtige zu akzeptieren und aus jeder Lage etwas Gutes herauszuholen.

Ich ermahne euch, euch aber in keinem Fall auf den Richterstuhl zu setzen. Ihr seid nicht befugt, die Versäumnisse und Würdelosigkeit anderer Menschen zu bescheinigen oder gar zu bestrafen. Jedes Verhalten trägt die Belohnung und die Strafe in sich.

Wer homosexuell ist, wird sich nach diesem Leben fragen müssen, was er versäumt hat, welche Aufgaben von ihm nicht erfüllt worden sind, und er wird sie nachholen müssen und meist unter schwierigeren Umständen als ursprünglich geplant. Wer kein Mann sein wollte, wird diese Rolle spielen müssen in extremen Verhältnissen vielleicht, als Hagestolz oder als Soldat oder als Gefängniswärter. Wer keine Frau sein wollte, wird Kinder unter schwierigen und mühseligen Bedingungen aufziehen müssen, vielleicht in ärmlichen und traurigen Verhältnissen.

In einer ferneren Zukunft werden alle Geschlechtsunterschiede wieder verschwinden, dann nämlich wenn die Vereinigung mit dem Dual bevorsteht. Das Dual ist das Wesen, von dem man ein Teil ist, die absolute Ergänzung. Man wird sich in einer unvorstellbar schönen seelischen Verschmelzung wiedervereinigen und wird ZWEI in EINS sein gleich Gott. Es ist das Kennzeichen großer reifer Seelen, daß sie beide Anlagen bereits sehr ausgeprägt in sich tragen, mutige Frauen und weiche zärtliche Männer, die ihr Geschlecht akzeptieren und doch vieles von dem anderen bereits verwirklicht in sich tragen. Das sind die Menschen einer größeren schöneren Zukunft, die nicht unbedingt auf den glühenden und schwelenden Trümmern dieses Planeten anbrechen wird, sondern in anderen, seligeren Gefilden unter anderen Sonnen als dem kleinen unscheinbaren Ball, der eure armselige Wohnstatt erhellt.

Denkt daran, daß ihr unterwegs seid, daß ihr der Vollendung entgegenschreitet und daß alle Teilung, alle Mißverständnisse einmal ein Ende haben werden.

Behinderte

Die behinderte Person hat in früheren Leben immer eine außerordentliche Tat begangen, einen Frevel, den es auszulöschen gilt. Wäre sie ohne Behinderung auf die Welt gekommen, hätte sie sehr viel länger gebraucht, ihre Untat auszugleichen, und es ist ein Zeichen der übergroßen Liebe Gottes, daß er den Sünder mit einer Behinderung schlägt und ihm dadurch eine Beschleunigung des Ausgleiches ermöglicht .. Dieses Schicksal ist natürlich in diesem speziellen Leben sehr schwer, eine echte Bürde für alle Beteiligten. Der Behinderte ist nun auf die Unterstützung vieler Menschen angewiesen, das ist zum Teil sehr demütigend für ihn, und dies soll auch erreicht werden. Zur gleichen Zeit gibt es der Familie und den Pflegepersonen die Chance, sich in der Liebe zu üben. Denn das ist das eigentliche Ziel, das Gott anstrebt, wenn er eine Seele in dieses Schicksal hineinschickt: die Menschen Liebe zu lehren. Wer einen Behinderten ablehnt, zeigt nur, wie liebeleer sein Herz ist. Die Begnung kann zu einem Testfall in seinem Leben werden. Und dadurch daß hier anderen Menschen die Möglichkeit eröffnet wird, lieben zu lernen, wird das Karma schneller abgetragen.

Nein, Behinderte haben durchaus nicht immer alte Seelen. Die Down-Syndrom-Kranken sind z.B. ausgesprochen junge Seelen, die diesen Planeten zum erstenmal betreten. Ihre Behinderung ist quasi ein Atavismus, eine zur falschen Zeit beibehaltene Erscheinungsweise. Diese Seelen lebten vor der jetzigen Inkarnation auf einem kleineren Planeten oder besser gesagt einem der vielen Monde, die Planeten begleiten, und spürten dumpf das Pochen des Intellekts. Ihre Gefühle waren höher entwickelt, und so zeigt sich auch, daß Menschen mit dieser Behinderung äußerst liebevolle Persönlichkeiten sind.

Wer einen Behinderten pflegt, tut sich selbst einen Liebesdienst, denn seine Seele wird geläutert und sein Herz demütig und der ganze Mensch lernt es wieder, dankbar zu sein. Das ist der besondere Segen, der auf dieser Arbeit liegt.

Geisteskrankheiten

Ich denke, wir wollen zunächst diesen Begriff erst einmal definieren. Eine Krankheit des Geistes ist immer und einzig und allein eine Krankheit der Seele. Deshalb ist der Ausdruck der Anthroposophen, wenn sie von `seelenpflegebedürftigen´Menschen sprechen, sehr passend geeignet und zeigt zugleich den Tiefblick dieser geistigen Gruppierung auf. Der Geist ist nie krank. Er ist unverletzlich. Er ist das, was wir unser "Höheres Selbst" nennen oder "den Gott in uns" oder den "inneren Heiler". Er hat sich für die Ausbildung seiner weiteren Körper einen entsprechenden Seelenleib gesucht, der wiederum als grobstoffliches Duplikat den Körper besitzt. Einwirkungen des Geistes auf den Körper müssen immer über die Verbindungsschiene "Seele" laufen. Eine andere Möglichkeit gibt es nicht, da die Schwingungsfrequenz des Geistkörpers so hoch ist, daß sie kaum die grobe Hülle zu affizieren vermag. Also muß die modulationsfähige Seele sich einmal nach ihrem höheren und einmal nach ihrem niedrigeren Partner wenden, um beide gleichermaßen zu befriedigen.

Und nun muß man wissen, daß die astrale Ebene an sich der Täuschungsplan par excellence ist und daß sich hier vieles ereignet, was nur von einem sehr gefestigten Menschen richtig interpretiert werden kann. Eine zu labile Seele gerät in den Strudel lüsterner oder gewalttätiger Wesen, wird gepeinigt, geschlagen, gefoltert, wird wachgerufen, wenn sie schlafen sollte, und wird mit Visionen gemartert, wenn das zu ihrer ganz speziellen Läuterung gehört. All diese Erscheinungen stempelt ihr als Geisteskrankheiten, werft sie in den großen Topf "Schizophrenie" und rückt den Zuständen mit dämpfenden Medikamenten zuleibe. Das ist ein völlig verkehrter Weg. Richtig wäre eine lange und konsequente Gesprächstherapie mit einem eingeweihten Therapeuten, der zugleich hellsichtiges Medium sein müßte, um zu wissen, wie weit er diese Seele führen darf in diesem Leben. Denn in einem speziellen Feld der Seele ist ihr Läuterungs- oder Reifegrad erkennbar, und wenn noch Karma abzutragen ist, ist es verfehlt, eine Heilung erzwingen zu wollen. Oft wird dann der Heiler selbst von spiegelbildlichen Qualen gepeinigt.

Handelt es sich um eine Besessenheit im engeren Sinne, also eine astrale Verfolgungsjagd durch ein und dieselbe Person, so müssen hier Belehrungen stattfinden oder mediale Übertragungen nach dem Muster von Dr. Wickland. Oft aber haben auch diese Verfolgungen ihren ganz konkreten Sinn und sind als Belehrungen für die verfolgte Seele gedacht. Man wird durch Gebet und Handauflegen aber immer bessere Resultate erzielen als durch chemische Präparate, die nur Verwirrung anstiften - im Wesen des Patienten, des Phantoms und im Plan Gottes, in dem nichts geschieht, was nicht rechtens wäre.

Die Depression ist eine Art Umsessenheit, wie ich es nennen möchte. Oft ist sie eine zu stark empfundene Trauer über den Verlust eines geliebten Menschen. Die Tiefe eines Gefühls aber hindert den Abgeschiedenen, sich von dem Hinterbliebenen weit genug zu entfernen, und so führt die Nähe eines astralen Schemen zu Kräfteverlusten und Odabgaben, da die starken Emotionen immer den Schemen ernähren und ihn an die Person binden. Es ist daher völlig verfehlt, einen geliebten Menschen für sich behalten zu wollen. Abschiede sind schwer, aber sie sind auch Reifungsprozesse, und wer wirklich liebt, wird immer wieder auf anderen Ebenen seinen geliebten Menschen begegnen. Das ist etwas anderes als hier auf den sehr grobstofflichen Gefilden. Selbstmordgefährdete werden sehr oft von solchen fortgegangenen Seelen angetrieben, die den noch Lebenden den Gedanken suggerieren. Oft sind es Selbstmörder, die diese Pein anderen zufügen wollen, um dann gemeinsam leiden zu können. Nehmt es ernst, wenn jemand in eurer Umgebung mit diesem Gedanken spielt, ihn ausspricht und ihm damit schon eine Art Leben verschafft. Groß ist die Pein derer, die Gott ins Handwerk pfuschen. Lebensbeginn und Lebensende sind von Gott festgesetzt, sind seine Eckpfosten im Lebensplan, der dem Menschen noch immer genügend Spielraum für die Entfaltung eigener Willensimpulse läßt. Das aber sollte dem Menschen versagt sein, denn Leben ist etwas Großes, Göttliches. Wer sich selbst tötet, tötet den Gott in sich.

Ich möchte euch, liebe Menschen, warnen, mit dem Leben zu spielen. Gnade ist es, mit einem gesunden Körper die Jahre zu durchschreiten, es ist aber auch eigenes Verdienst. Denn wer mit der Materie rücksichtsvoll umging in vorangegangenen Leben, wird eine gesunde Materie erhalten.

Wer mit seinen Gefühlen Schindluder trieb, wird eine kranke Seele erhalten, wird "geistesgestört" sein, da der Geist über die kranke Seele hinweg schlecht auf das Werkzeug Körper einwirken kann. Ihr müßt euch das Ganze vorstellen wie eine dünne Membran zwischen zwei Klangkörpern. Wenn der eine schwingt, wird er die Membran beeinflussen, und diese wird den Klang so weitergeben, wie sie ihn empfangen hat. Ist aber diese Membran naß oder brüchig oder irgendwie unsauber, so vermag der geistige Klangkörper sich zu bemühen, wie sehr auch immer, der körperliche Klangkörper wird nur ein verzerrtes Klangbild erhalten. Ich denke, das Bild genügt.

Viele haben sich an mich gewandt in ihrer geistigen Not. Ich bitte euch, wendet euch an Gott in heißen Gebeten. Er wird euch erleuchten, er wird euch gesund machen, wenn die Zeit nahe herangekommen ist. Er wird euer Gebet hören und vielleicht zuwarten, denn manchmal ist Leiden dem Menschen dienlicher als allzuviel Glück. Vielleicht ist Ergebung das beste, was ich euch empfehlen kann, denn Gott hilft denen, die sich in seinen Willen ergeben, nicht denen, die sich selbst helfen. Du hast ein Recht, um deine Gesundheit zu kämpfen, aber oft kann dir nur Gnade helfen, sonst nichts. Denke daran, dein Geist ist unversehrt, ist ganz, ist heil, ist ein Teil Gottes. Wende dich ihm zu in demütigem Gebet, alles andere ist seine Sache.

Besessenheit

Es gibt Formen der Besessenheit, die der Nichthellsichtige durchaus nicht als solche erkennt. Er spricht von psychischer Verwirrung oder Wahnkrankheiten oder eben Geistesgestörtheit. Die Anthroposophie kommt der richtigen Auffassung dieser Erscheinung am nächsten, wenn sie von Seelenpflegebedürftigkeit spricht. Denn das liegt in der Tat vor, eine Seele, die nach Hilfe und Pflege schreit.

Zugrunde liegt eine Form der Beeinflußbarkeit, die man mit dem landläufigen Begriff Medialität bezeichnet. Dieses ist nämlich nicht immer eine besonders erstrebenswerte Eigenschaft. In den meisten Fällen führt sie nach einer langen Serie von astralen Kontakten zu einer Verwirrung des Geistes, eben zu einer echten Besessenheit. Wir müssen also eine positive und eine negative Form der Medialität unterscheiden. Positiv ist sie dann, wenn der Wille des Mediums ein in vielen Inkarnationen gestählter und der Geist unverführbar ist. Nur eine starke und moralisch hochstehende Persönlichkeit sollte Medialität praktizieren, dann sind solche Kontakte ohne Schaden für den Experimentator. Insofern hat die Kirche mit ihrer Warnung recht. Das Mittelmaß halte sich von dieser Beschäftigung zurück.

Wer sich aus Neugierde, reinem Wissensdurst oder gar aus geschäftlichem Interesse medialen Praktiken verschreibt, verschreibt auch bald seine Seele dunkleren Mächten. Davor möchte ich aber ausdrücklich und sehr intensiv warnen.

Es gibt auch Menschen, die gar nicht wissen, daß sie medial, also zugänglich für Wesen aus dem astralen Plan sind, und sie stellen plötzlich an sich Phänomene fest, die sie meist erschrecken oder die die Umgebung mit Bestürzung und Staunen zur Kenntnis nimmt. Das können sein: optische Halluzinationen, akustische Eindrücke, haptische Erlebnisse oder auch enge körperliche Kontakte gewalttätiger oder liebender Art. All dieses wird als absolut echt und dieser Realität angemessen erlebt, und wenn davon berichtet wird, geschieht es immer mit allen Zeichen des echten unmittelbaren Erlebens. Wie ein Schleier sich hebt und plötzlich auf einer Bühne Dinge freigibt, die dem Auge vorher entzogen waren, so öffnet sich für diese begnadeten oder verdammten Menschen eine Welt, die nicht prächtiger oder fürchterlicher sein kann als die irdische. Dort werden ihnen Begegnungen vermittelt, die ihrer eigenen Reife entsprechen, und all dieses geht in ihren lebendigen Speicher, d.h. ihre Seele ein. Manchmal ist sie in der Lage, diese Erfahrungen zu verwerten, sie zu ordnen oder einfach nur zu sammeln, machmal überschäumt die Phantasie alles Dagewesene und der Betreffende "schnappt über" in des Wortes wahrster Bedeutung.

Es gibt nicht viel an Therapiemöglichkeiten, und diese sind jeweils auf den Patienten abzustellen. Heilung gewinnt nur der, der Heil verdient, d.h. dessen Karma abgetragen ist. Alle anderen müssen dieses Leben durchstehen auf die eine oder andere Weise.

Heilungsmöglichkeiten oder, besser gesagt, Therapiemaßnahmen sind: 1. die klassische Methode der Teufelsaustreibung, wie sie auch heute noch von der katholischen Kirche praktiziert wird, 2. die Gebetsheilung und 3. die spontane Heilung durch Beendigung des karmischen Zwanges. Medikamente oder Diäten bringen im Grunde nur eines; eine gewisse Beruhigung auf seiten der Umgebung, die sich der Tatsache bewußt ist, daß etwas getan wird. Denn das Zuschauen ist oft schwerer als das Ertragen.

Es wäre gut, wenn man die psychiatrischen Krankenhäuser umwandeln könnte in Gebetshäuser, in denen sich liebevolle Menschen regelmäßig treffen, um den Namen Gottes anzurufen und um Hilfe zu bitten. Denn das Heil kommt allein von dort, nicht von dem Magier im weißen Kittel.

Autismus

Autismus ist in seiner Form eine Art Umsessenheit oder, anders ausgedrückt, eine Verdrängung des eigenen Geistes der Persönlichkeit durch einen Schemen anderer Natur.

Jeder Mensch hat einen engen und unverlierbaren Kontakt mit seinem Geist- und Astralkörper, den man auch als Seele bezeichnen könnte. Diese Dreiheit konstituiert das, was wir als irdische Menschen bezeichnen. Im Normalfall ist diese Beziehung eng und unauswechselbar. Es gibt aber Fälle einer besonders fortgeschrittenen oder degenerierten Menschenform, die sich ihren Geist nicht so nah heranziehen kann, daß er die Kontrolle über seine beiden untergeordneten Glieder Seele und Leib ausüben kann. Er steht sozusagen auf der Seite und betrachtet sich selbst, und der Blickwinkel erlaubt es ihm, Dinge zu sehen, die dem Normalen unerkennbar bleiben. Diese Menschen verfügen oft über hellseherische Begabung, je nachdem wie gezeichnet sie in ihrer Seele sind. Das Notvolle an ihrer Existenz auf dieser Erde ist, daß sie das für dieses Leben geschaffene Instrument nicht sachgerecht zu bedienen vermögen und unter dieser Behinderung sehr leiden. Sie befinden sich etwa in der Lage eines Hungernden, der die Speise vor sich sieht, aber keine Möglichkeit hat, sich sie einzuverleiben. Das sind die gefangenen Vögel unter den Menschen, die ihren Gesang singen zur Qual ihrer Seele und ihrer Umgebung.
Aber sie haben es verdient. Sie haben selbst einmal in einer früheren Existenz ihre Medialität - denn darum handelt es sich - für die Einkerkerung anderer benutzt, d.h. sie waren schwarzmagisch tätig oder haben sich ihre Verdienste vergolden lassen wie elende Ausbeuter von Sklaven. Das also haben sie gutzumachen. Sie sind nun selbst eingeschlossen in

das Gewebe ihrer Schuld. Der Schemen, von dem ich vorhin sprach, ist ein teilweise belebtes Wesen, eine Fühl- und Gedankenform aus früherer Existenz, die sich dem verkörperten Wesen als zweite Entität zeigt mit drohender und unheimlicher Gebärde. Während der Anfallsituation - die meisten Autisten haben ein begleitendes Anfallsleiden - werden sie von diesem Schemen regelrecht attackiert in der Form eines Zweikampfes, und es erledigt seinen Widersacher mit grausamer Gebärde. Damit erschöpft sich seine eigene Lebenskraft und der geplagte Kranke hat eine Weile Ruhe. Aber aus den Emotionen der Umgebung, aus jeder seelischen Erschütterung in der Umgebung des Patienten lädt es sich erneut auf, und es kommt zu erweiterten Attacken. Der Kreislauf wiederholt sich so lange, bis sich die Energie aus früheren Existenzen erschöpft hat. In den meisten Fällen bleibt diese Behinderung ein Leben lang erhalten, ein grausames Los für alle Beteiligten. Denn nicht nur der Kranke leidet, auch seine unmittelbare Umgebung ist zutiefst betroffen wegen der Abkapselung und Fremdartigkeit ihres kranken Patienten.

Krebs

Krebs ist ein Komplex von Krankheiten, keine Einzelkrankheit. Es ist ein Krankheitsgeschehen, ein Prozeß langwieriger Störung im psychosomatischen Verlauf. Am Anfang steht ein innerer Schock oder eine unausgeglichene seelische Situation, ein Verlust oder eine tiefgreifende erschütternde Erkenntnis. Dann folgen im Zellsystem Veränderungen, die aufgrund einer falschen Steuerung durch das zentrale Nervensystem aus den Fugen geraten. Die Zelle hat eine aufgeprägte Intelligenz, die es ihr erlaubt, Lebensvorgänge selbstintelligent zu steuern. Diese Steuerung wird aber überlagert durch einen höheren Impuls, den der Nerven des Rückenmarks. Im gesunden Fall sind diese Steuerungen deckungsgleich, im Krankheitsgeschehen überlagert sich die höhere Steuerung inadäquat, und es kommt zu schleichenden Atmungsvorgängen, d.h. gärenden Zellen, und im weiteren Verlauf zu einer galoppartigen Vermehrung von Zellen, d.h. faulenden Zellen. Fäulnis ist der laienhafte Ausdruck für Krebs.

Fäulnis im Geiste führt zu Fäulnis im Körper. Ein gesunder, lebendiger, liebesprühender Mensch bzw. Geist wird nie an Krebs erkranken, denn Liebe ist Feuer, und im Feuer kann nichts verfaulen. Wer aber kalt ist, wer leidet und dabei innerlich friert, wird krebskrank.

Also sollte eine Therapie beginnen mit einem ansteckenden Lachen. Man sollte Krebskranken ihre Krankheit immer verheimlichen, ihnen aber sagen, daß sie krank würden, wenn sie sich seelisch gehen ließen. Sie sollten dazu aufgerufen werden, mit anderen Menschen eine seelische Aufrichtungstherapie durchzumachen. Menschliche Kontakte sollten in jeder

Hinsicht gefördert werden, und wer den Mut hat, seine Krankheit auszulachen, ist auf dem besten Weg zu gesunden. An Mitteln physischer Art empfehle ich Mistel- und Immergrüntee, dreimal am Tag mit einem Teelöffel Honig. Dazu sehr viel Flüssigkeit in Form von roten Säften, am besten ungesüßte Muttersäfte, und dazu wenig Fleisch und sehr viel rohe geriebene, mit den Faserstoffen zu essende Gemüse, auch Gemüsesäfte. Der Flüssigkeitskonsum sollte eher übertrieben werden. Dadurch erhöht sich der Gesamtumsatz der Nahrung. Eine sehr vorteilhafte Ergänzung ist Buchweizen in der Form eines Müsli, frisch geschrotet am Morgen oder Abend, vorher eingeweicht. Alles, was schnell verwest wie z.B. Fleisch, gehört aus einer Krebskost gestrichen.

Aber alle Therapien mißlingen, wenn der Anstoß von der seelischen Seite fehlt. Ein guter Arzt sollte seine Kräfte dort ansetzen, indem er seine charismatische Kraft einsetzt, um den Patienten Hoffnung über alle Maßen zu machen.

Ein lächelnder, ein lachender Arzt ist eine gute Medizin, ein liebender Arzt ist schon Allheilmittel.

Krebs bei Kindern

Es gibt im großen und ganzen nicht sehr viele Kinder, die schon an Krebs erkranken, und für diese Gruppe gilt wie für alle Kinder, die an einer unheilbaren oder chronischen Krankheit leiden, daß die Wurzel dafür in früheren Existenzen zu suchen ist. Wer anderen das Leben erschwert, dem wird sein Leben erschwert werden. Das ist die Formel, auf die sich alles Leid bringen läßt. Es ist nicht Strafe, sondern eher Gerechtigkeit oder, anders ausgedrückt, der Versuch des Lebensspenders, seinen Geschöpfen ein gerechtes Mittel des Ausgleichs anzubieten. Nur wer Fortschritte erzielen möchte, kommt voran. Wer klagt, bleibt zurück, wer leidet, ohne den Sinn dieses Leidens zu erkennen, hat wiederum nur einen Teil der Lehre erkannt und wird von neuem eine Last auf sich nehmen müssen, bis ihm klar geworden ist, warum er, gerade er, so gezeichnet worden ist.

Alle Kinder sind ja im eigentlichen Sinne Erwachsene, d.h. sie haben eine `erwachsene Seele´, die sich nur erneut in einen kindlichen Körper begeben hat, um in der Schule der physischen Existenz Schlacken und Verunreinigungen abtragen zu können. Das schnellste und zugleich härteste Mittel ist die chronische Krankheit. Hier wird die Seele im Feuer der Schmerzen geläutert, gereinigt und kehrt zumeist als eine vielfach gereinigte in die astralen Bereiche zurück. Es ist müßig zu fragen, warum gerade unser Kind. Euer Kind ist ein Wesen wie alle anderen. Ihr seid nur seine leiblichen Eltern, kaum seine geistigen. Ihr habt sein Leiden als eine Möglichkeit der Schulung zu betrachten und ihm dabei helfend zur Seite zu stehen. Es hat aber gar keinen Sinn, darüber zu trauern oder zu klagen. Ihr liebt euer Kind - nun gut. Ihr werdet es wiedersehen -

nach einer kurzen Zeit. Der Abschied auf der Erde ist wie der Abschied auf einem Bahnhof. Es tut zwar weh, aber man wird irgendwann hinterherfahren, und die Möglichkeit einer Wiederbegegnung ist sehr groß. Echte Liebe wird nie auseinandergerissen, alles, was sich liebt, wird auf magische Weise herangezogen, auf allen Ebenen ist das Gesetz. Also trauert nicht, ihr schadet dem Kind, ihr schadet euch, weil ihr dadurch nur euren Mangel an Wissen dokumentiert und eure Auflehnung Gott und seinen gerechten Plänen gegenüber. Habt Vertrauen auf seine Großmut, auf seine Gnade, auf seine Weisheit. Alles, was geschieht, ist rechtens, ist kein Zufall, ist keine tollwütige Laune der Natur, kein Fluch über eurem Haus, sondern einzig und allein Gottes Versuch, Gerechtigkeit allen Wesen widerfahren zu lassen.

Vielleicht möchtet ihr ganz andere Dinge wissen, z.B. aus welchen oberflächlichen Gründen, d.h. materiell-medizinischen, Krebs bereits im kindlichen Körper auftreten kann. Nun, die Frage ist leicht beantwortet. Es liegen bereits Mängel in der erblichen Ausstattung vor, d.h. die körperliche Ausgangsform, die zu Beginn prall und plastisch ist, ist jetzt bereits degeneriert. Eine latente Anämie liegt oft bei den Vorfahren vor oder eine allgemeine Schwäche des Stützapparates. Desweiteren ist eine Neigung zu Panik und unwägbaren Ängsten in der Familie vorhanden, eine Unfähigkeit, unbeschwert und voller Vertrauen die Aufgaben des Lebens in Angriff zu nehmen. Diese beiden Faktoren werden überall anzutreffen sein. Ein Wesen, das also eine schwere Last oder karmische Verstrickung aufzulösen hat, wird sich bei solchen Eltern inkarnieren, die diese beiden Voraussetzungen mitbringen. So wird mit Sicherheit ein solches Krankheitsgeschehen in Gang gesetzt werden, das die alleinige Aufgabe hat, zur Läuterung und Vervollkommnung der "erwachsenen Seele" beizutragen.

Zum Schluß möchte ich allen, die ein schwer oder unheilbar krankes Kind haben, eines ans Herz legen. Bewahrt euer Gottvertrauen und lebt jeden Tag so intensiv, als wäre er der letzte. Füllt ihn aus mit Liebe und Fröhlichkeit, ja, echter innerer von Herzen kommender Fröhlichkeit, und ihr werdet zweierlei erreichen. Eurem Kind wird es besser gehen, denn es lebt in euch, in eurem Energiefeld, und ihr werdet auf diese Weise eine ganze Schar guter Geister heranziehen, die euch alle Kraft und Beistand vermitteln.

Denen, die aber gesunde Kinder haben, sei als Aufgabe ans Herz gelegt, keinen Tag vorübergehen zu lassen, ohne ein Dankgebet dafür gesprochen zu haben, daß ein gesundes Kind in eurer Mitte aufwachsen darf. Seid gütig, seid fröhlich, und legt den Stein für das zukünftige Haus der Gesundheit. Und vergeßt nicht, es sind die Gedanken und die Gefühle, die Krankheiten erzeugen, in eurem Herzen wohnen die Ursachen künftiger Leiden, künftiger Wohltaten. Möget ihr alle in der Erkenntnis wachsen und in der Liebe, denn das allein sind die Eckpfeiler auf dem Weg der Vervollkommnung.

Multiple Sklerose

Eine der größten Geißeln unter den Krankheiten ist die Multiple Sklerose wegen ihres schleichenden Verlaufs und der Unsicherheit von behandelnden Ärzten und Patienten. Diese Krankheit ist eine Art Krebs, aber nicht der Weichteile, sondern des Rückenmarks. Sie beginnt mit einer Störung im Zentralen Nervensystem, das plötzlich seine Führungsgewalt über die Zellen des Körpers verliert und nur noch sporadisch imstande ist, lenkende Impulse zu geben. Dieses Fehlverhalten des Gehirns ist auf eine äußere Ursache zurückzuführen, auf eine Begleitung durch einen niederen Geist, der die Kontrolle des Gehirns übernimmt, d.h. sich partiell mit dem anderen verbindet. Diese Verbindung ist aber nur möglich, wenn gewisse Konditionen vorhanden sind, die dem Begleiter dies erlauben. Denn ein vitaler, lebenssprühender Mensch wird niemals diese Willfährigkeit besitzen, sich einem auszuliefern, den er nicht kennt. Betroffen von dieser Krankheit werden willenschwache Menschen, die zu Zeiten sehr lebensmüde und lebensverdrossen sind, denen die täglichen Anforderungen keine Freude mehr machen, sondern die lustlos ihre Arbeit tun. Dort wird sehr viel psychische Energie für den Widerstand des Menschen verbraucht, der sich mit seiner Umgebung auseinanderzusetzen hat. Dann gesellen sich sehr schnell dienstbare Geister zu ihm, die ihm falsche Einflüsterungen machen, die ihn bestärken in seiner Negativität und ihm ein Paradies vorgaukeln, das es gar nicht gibt. Es kommt dann zu Wahnideen und Störungen des Gleichgewichts und gelegentlich auch zu Blindheit oder anderen Trübungen des Augenlichtes. Allmählich wird der geistige Verfall des Patienten offenkundig, und zu diesem Zeitpunkt wird die Krankheit oft diagnostiziert. Aber was nun tun? Man ist allgemein ratlos, und es wäre gut, wenn es dabei bliebe. Denn falsche Medikamente tun ihr übriges. Das einzige Mittel, um die Patienten dem Zugriff der niedrigen Welt zu entziehen, ist die Stärkung ihres positiven Lebensgefühls. Hier ist viel therapeutische Hilfe nötig, und es wäre dringend angezeigt, für jeden MS-Kranken einen Begleiter zu finden, der ihm täglich Mut macht und Optimismus verbreitet. Im allgemeinen ist die Krankheit aber nicht aufzuhalten, wenn es auch oft zu Verzögerungen kommt und mitunter sogar zu einer Stagnation. Das bedeutet, daß die Lebenskräfte des Kranken erwacht sind und den Zugriff der anderen behindern. Ich bin nicht in der Lage, ein Mittel zu nennen, das diese Krankheit besiegen könnte, es sei denn, daß ich jedem Menschen empfehle, mit Vehemenz seine Lebensaufgaben zu erfüllen, mit absoluter Hingabe und einer innigen Freude an den unscheinbarsten Dingen. Wer sich über eine vollbrachte Tat freuen kann, ist auch Sieger über die negativen Kräfte um sich herum. Wer einer Blume dankbar ins Antlitz sehen kann, weil sie so schön ist, ohne daß er etwas hinzugetan hat, der bleibt verschont vor den häßlichen Angriffen teuflischer und zwergenhafter, possenreißerischer Wesen. Wie blind die Menschen sind! Sie suchen nach der Ursache und finden sie nicht. Warum vermuten sie nicht, daß es Vorgänge gibt, die ihren irdischen Augen entzogen sind und trotzdem existieren. Die Multiple Sklerose ist wie alle Sklerosen aus der Kälte entstanden, der seelischen Kälte und der Kälte der den Menschen umgebenden Geister. Liebe macht warm, Herz und Hände, und die guten Geister haben eine Ausstrahlung der Wärme. Wenn du aber einen kalten Hauch in deiner Umgebung spürst, dann wisse, es ist jemand an dir vorbeigestrichen, der nach deiner Seele dürstet, der danach giert, sich ihrer wenigstens teilweise zu bemächtigen. Schützt euch vor ihnen durch das Gebet, durch lichtvolles Tun unter den Menschen, und sie werden sich davon trollen, murrend und grollend, aber der Sieg ist dein.

Transplantationen

Die Frage, ob es legitim ist, sittlich legitim, Transplantationen durchzuführen, möchte ich an die Spitze meiner Untersuchungen stellen. Nötig ist zunächst die Einwilligung des Spenders. Ohne Einwilligung stellt die Wegnahme eines Organes im juristischen Sinne eine Körperverletzung dar. Also jeder Arzt macht sich vor dem Gesetz schuldig, der diese Vorschrift mißachtet.Sollte eine Spendereinwilligung vorliegen, so erhebt sich die Frage, wann der klinische Tod des Spenders eingetreten ist. Da scheiden sich noch die Geister. Den einen genügt das Aussetzen der Herztätigkeit, die anderen warten, bis der Haar- und Nägelwuchs aufhört, das bedeutet immerhin ein bis zwei Stunden nach dem letzten Atemzug. Tot ist der Mensch jedoch schon in dem Augenblick, da seine Odhülle den Körper verlassen hat, das ist unmittelbar nach dem letzten Herzschlag. Das Weiterwachsen der Nägel ist lediglich eine Programmstufe, die noch in den großen Computer Menschengehirn eingegeben worden war. Aber das Gehirn lebt nicht mehr, es hat keinen Steuermann mehr, es ist ein Instrument, kein Instrumentator. Es wäre also, rein klinisch gesehen, möglich, ein Spenderorgan sehr kurz nach dem letzten Herzschlag zu entnehmen und einem anderen Menschen einzupflanzen.

Mein Einwand kommt nun aus einer ganz anderen Richtung. Da das Organ Blut des Menschen enthält und Blut die Trägersubstanz des Ods ist, wird der Odhülle durch die Entnahme gewissermaßen eine Wunde, ein Verlust zugefügt. Denn alles, was im Leiblichen geschieht, geschieht im Seelischen umgekehrt. Die verwundete Odhülle - oder nennen wir sie Seele, das ist für viele verständlicher - gerät in einen Zustand des Taumels, der Verwirrtheit. Sie empfindet sich als abgenutzt, ausgelaugt, zu schwach, um mit ihrem neuen Zustand fertigzuwerden.

Auf der anderen Seite wird der Odhülle eines fremden Menschen eine ihm artfremde Substanz aufgezwungen, Seelisches wird inkorporiert, was mitunter totale Charakterveränderung zur Folge haben kann. Auf jeden Fall auch hier Verwirrung und eine Art von Fremdheit, die lange bestehen bleibt, mitunter den Träger des fremden Organs nicht mehr verläßt.

Ähnliches geschieht übrigens auch bei Transfusionen, die im optimalen Fall nur unter Verwandten durchgeführt werden sollten, was sich aber in der Praxis nicht durchführen läßt. Die Sitte, Blutsbrüderschaft zu schließen, indem man das Blut des anderen trinkt, verrät etwas von dem geheimen Hintergrund dieser Dinge.

Das Blut ist bestimmt ein seltener Saft, und die Teile des Körpers, die von ihm versorgt werden, gehören niemanden als einer Person allein. Die Wissenschaft hat hier einen Schritt getan, der die Medizin oder besser die Kunst des Arztes entweiht. Denn es geht nicht darum, das Leben um jeden Preis zu verlängern. Wenn Gott die Maschine abstellt, weiß er warum. Das Schicksal ist damit in dieser Inkarnation erfüllt. Der angehängte Lebensabschnitt ist sozusagen überflüssig, und er ist im allgemeinen auch leer von allen wichtigen Ereignissen oder Erfahrungen. Das l`art pour l`art - Prinzip sollte in der Medizin nicht auf die Spitze getrieben werden, denn je weiter sich diese Wissenschaft von der Natur entfernt, um so entfremdeter wird sie ihren ureigensten Zielen.

Lasset die Menschen doch heimkehren in jene Gefilde, die schöner sind als euer Erdball, den bald Schutt und Asche überziehen wird, den Leichen bedecken werden, für die niemand mehr Zeit hat. Wie ungeduldig wartet ihr auf eine Spenderniere! Wißt ihr, wieviel Zeit Gott noch mit euch hat? Eine Ewigkeit, eine Urewigkeit. Es ist besser, unverstümmelt hinüberzugehen im vollen Besitz seiner Kräfte, als anderen einen zweifelhaften Dienst zu erweisen.

Sterbehilfe

Wer anderen die letzte Stunde verschreibt, handelt grob fahrlässig, besser, pfuscht Gott ins Handwerk. Ich möchte nicht den Arzt verdammen, der vor kurzem einer schwer kranken Frau geholfen hat, ihr Leiden zu verkürzen, es gibt Ausnahmefälle, wo es vielleicht auf Gottes Gnade ankommt, so einen Eingriff zu gestatten, aber ganz allgemein möchte ich mit allem Nachdruck wiederholen, daß die Sterbeminute Gottes alleiniger Fahrplan ist.

Ich wiederhole: es ist nicht rechtens, einen Arzt zu verdammen, der aus Mitleid einem Patienten die Möglichkeit geboten hat, früher hinüberzugehen, aber daraus eine generelle Erlaubnis abzuleiten, ist absolut regelwidrig und verstößt gegen Gottes Gesetze.

Jeder stirbt seinen eigenen Tod, d.h. der Tod, die Art des Todes, entspricht dem Leben des Menschen, seinem Charakter, seiner inneren Verfassung. Ein unruhiger Mensch wird durch einen Blitzschlag oder einen Unfall getötet werden, ein ruhiger Weiser wird sanft während des Schlafes hinübergleiten und von unvorstellbar schönen Erfahrungen berichten können, wenn er je zurückkäme. Eine schwangere Frau wird bei der Geburt sterben, wenn sie keine Beziehung zu dem Kind in ihrem Leib entwickeln konnte, wenn sie die Rolle der Mutter insgeheim ablehnt. Ein dynamischer Arbeiter wird mitten in seiner Arbeit von einem Schlaganfall getroffen werden oder einen Herzinfarkt erleiden. Nichts ist zufällig, alles ist aufeinander abgestimmt. Die Zeit ist insofern wichtig, als auf der anderen Seite entsprechende Vorkehrungen getroffen werden, wenn ein Mensch die körperliche Hülle abstreift. Greift nun ein Mensch ein, entweder durch Selbstmord oder durch einen gewaltsamen Akt - wie etwa auch bei der Sterbehilfe -, so ist auf der anderen Seite noch vieles ungeklärt und ein wenig durcheinander. Der Tote oder besser die zurückgekehrte Seele findet sich nicht so gut zurecht, muß Ermahnungen und Zurechtweisungen über sich ergehen lassen und wird wieder in ein kaltes Gemach gesperrt, bis die Zeit ihres natürlichen Todes gekommen ist. Dort erlebt sie immer wieder den Akt ihres freiwilligen Sterbens, bis sie erkennt, daß es eine Anmaßung war, einzugreifen, und Gott um Verzeihung bittet. Die nicht durchgestandenen Schmerzen, die ja Teil ihres Karmas waren, rotten sich erneut zusammen und bilden den Stoff für die nächste Inkarnation. Was nicht aufgelöst ist, muß weiter mitgeschleppt werden, bis der Ausgleich vollkommen geglückt ist.

All dieses ist zu überlegen, bevor eine Entscheidung gefällt wird, und sie ist immer dann falsch, wenn sie Gott zu übertölpeln versucht.

Geistheilung

Heilung durch den Geist geschieht immer durch Menschen, deren Geist entweder nach vielen Inkarnationen oder durch eine große Läuterungsphase innerhalb einer Inkarnation so weit vorbereitet wurde, daß sie in der Lage sind, wie ein Transformator zu wirken. Wir begeben uns hier auf das Feld elektrischer Spannungen und deren Weiterleitung an entsprechende Empfänger. Da aber jeder Mensch eine ganz eigene Schwingungszahl hat, ist es nicht immer möglich, kosmische Energien auf ihn zu übertragen, da er sie nicht ohne weiteres aufzunehmen vermag. Ein Vergleich: ein Radio, das nur auf den Empfang von Mittelwellen eingestellt ist, kann Kurzwellen nicht empfangen. Für dieses Gerät existieren diese Wellen einfach nicht. Das Prinzip bei der Heilung ist ähnlich. Ein Mensch, der so hoch entwickelt ist, daß er feinstoffliche Wellen in sich aufnehmen und transponieren kann, dient als Relaisstation, als Filter oder als Schleuse. Aus ihm gehen dann die Wellen heraus, die der Kranke aufnehmen kann, die seiner Schwingungszahl entsprechen. Die Energiesubstanz stammt nicht von ihm, das Reservoir ist Gott, aber die Form wird von ihm zurechtgeformt.

Nehmen wir ein Beispiel: Ist der Kranke eine einfache, noch junge Seele, so ist es für ein Medium außerordentlich leicht, ihm Kraft zu übertragen, wenn es eine gewisse geistige Höhe erreicht hat. Es schraubt eben die Schwingungszahl der empfangenen Schwingungen auf den gewünschten Grad herunter. Anders ist es bei einem schon sehr hochstehenden Kranken. Ihn können nur Heiler heilen, die noch ältere Seelen sind als er selber. Merke also: nur die ältere Seele heilt die jüngere, nie umgekehrt. Das erklärt, warum Mirjam, deine Tochter, nur von dir geheilt werden kann. Ihr seid entsprechend alte Seelen und aufeinander abgestimmt. Jüngere Heiler können sie überhaupt nicht erreichen. Auch dein Mann würde es umsonst versuchen, was niemals ein Werturteil bedeutet, sondern ein chronologisches Merkmal.

Es genügt, wenn der Heiler seine Hände leicht über den Organismus des Patienten hält, es braucht nicht die kranke Stelle zu sein. Der Feinstrom verfügt über genügend Selbstintelligenz, um sich den Ort zu suchen, und im übrigen ist es der innere Arzt, der die Menge benutzt, um die Störung zu beheben. Du brauchst also gar nichts zu sagen, was geschehen soll, auch wenn die Visualisierung manchmal zusätzlich Hilfe bedeutet, sondern es genügt, vor der Behandlung ein kurzes Gebet zu sprechen, vielleicht auch seinen geistigen Führer um Hilfe zu bitten und dann sich auf die Gesundung zu konzentrieren und seine Hände voller Energie aufzulegen. Danach wieder ein Dankgebet, und alles ist geschehen, was erforderlich ist - die einfachste und doch subtilste Form der Heilung. Als Diagnoseinstrument hast du Grace und mich, wir geben gern dem Patienten Auskunft, wenn es ihn nicht stört. Manchmal ist Unkenntnis besser, besonders bei aufgeregten Menschen. Die Zeitdauer sollte etwa eine halbe Stunde sein, möglichst täglich zur selben Zeit, dann stellen wir uns darauf ein. Aber es geht eigentlich immer, wenn das Medium nicht zu müde ist. Energieverluste treten beim Medium nicht auf, wenn es eine selbstlose Tätigkeit ist. Das bedeutet nicht unbedingt kostenloses Heilen, denn das Medium braucht ja auch etwas zum Leben. Eine kleine Pauschale ist nötig, um Neugierige fernzuhalten.

Unkrautvertilgung

Unkräuter sind in Gärten und auf dem Felde nicht gern gesehen. Zu Unrecht! Im eigentlichen Sinne sind sie Bodenverbesserer, denn ihre Wurzeln halten die Erdkrume locker, sorgen für eine bessere Durchatmung und helfen dem Regen, überall hinzukommen. Wer etwas von Bodenpflege versteht, wird kein Unkraut jäten, es sei denn es besteht eine ausgesprochene Notlage, d.h. die eigentliche Frucht erstickt unter der Fülle der Unkräuter. Dann gehe man wie folgt vor:

Man sammle Brennesselstauden, lege sie in kochendes Wasser und lasse sie 3 Tage und Nächte stehen, bis sich eine Art Jauche gebildet hat. Damit begieße man die Kräuter, und sie werden in diesem Absud verbrennen, und gleichzeitig wird der Wert des Bodens erhöht. An dieser Stelle werden auch keine gleichen Unkräuter mehr sprießen, so daß sich der Einsatz lohnt, auch wenn es zunächst eine schwierige und zeitraubende Aktion ist.

Unkräuter sind auch viele unserer Gedanken. Auch sie lassen sich kaum ausrotten, sondern eher verändern. Aus Unkräutern wird so allmählich wohlschmeckendes Kraut, und aus bösen und unklaren Gedanken erwächst Weisheit und Einsicht. Alles ist Metamorphose. Wer dies erkannt hat, hat einen Blick in die Tiefen der menschlichen Existenz getan.

Waldsterben

Das Waldsterben wird auf eurem Planeten nicht mehr aufzuhalten sein, da die Ursachen sich nicht beseitigen lassen. Selbst wenn ihr auf eure Autos verzichten würdet und auf alle Industrien, so wäre im Endeffekt nichts mehr zu retten. Das Grundwasser eures Planeten hat eine solche Konzentration an Schwermetallen, daß die empfindlichen Lebewesen, wie es Bäume nun einmal sind, vor allem Nadelbäume, nicht mehr damit leben können. Also eine Hilfe kommt in jedem Fall zu spät. Dies bezieht sich auch auf die Wälder der Dritten Welt, die mit einer Verspätung von ein paar Jahren an diesem katastrophalen Ereignis teilhaben werden.

Du fragst nach der Ursache. Die Ursache ist multifaktoriell, d.h. vieles hat dazu beigetragen, daß diese Situation entstand. Nicht nur der saure Regen, auch die Verseuchung des Bodens durch künstliche Düngemittel, die die bakterielle Zusammensetzung des Bodens empfindlich störte, und schließlich die tiefgreifende Belastung des Grundwassers mit Schwermetallen, herbeiqeführt durch Autoabgase und industrielle Abgase, haben zusammengewirkt, um die Lunge eures Planeten irreversibel zu schädigen. Schon hat sich die atmosphärische Zusammensetzung verändert, und wenn der Gasaustausch zwischen Pflanzen und Atmosphäre ins Stocken gerät, tritt auch eine schleichende Vergiftung der Atemluft auf. Dies ist für die späten achtziger Jahre zu befürchten. Schon treten vermehrt Lungenkrankheiten und vor allem Bronchialleiden auf, und das Säuglingssterben, das ihr Erstickungstod nennt, ist darauf zurückzuführen. Nicht lange dauert es, bis euch die Kühe auf der Wiese verenden und die Hasen im Feld ihre Läufe nach oben strecken. Dann wird es ernst. Dankt Gott, daß er dieser Vergiftung zuvorkommt, indem er den

Planeten einer Art Selbstreinigung unterzieht, die künftigen Geschlechtern wieder eine einladende Heimstätte beschert.

Tod des Waldes

Der Wald ist die Lunge der Erde, und wenn die Lungen verseucht werden, vermag die Erde nicht mehr zu atmen und stirbt, d.h. das Sterben des Waldes ist der Anfang des Planetentods. Ich möchte nicht der Übertreibung bezichtigt werden, aber es ist eine Minute vor zwölf. Die Abgase der Industrien haben die Atmosphäre so verunreinigt, daß sich eine regelrechte Dunstglocke über der Erde wölbt, die bereits nicht mehr in der Lage ist, gewisse Strahlungen aus dem Weltraum wegzufiltern und die der Natur, einschließlich des Menschen, keine hinreichende Erneuerungsmöglichkeit bietet. Reiner Sauerstoff wird aber gebraucht, um die Lungen zu ernähren und das Blut mit Energie aufzuladen. Die Müdigkeit mancher überzüchteter Menschen, das Verwelken der Blumen in viel zu kurzer Zeit und schließlich die nicht zu übersehenden Schäden der Waldbäume sind die ersten starken Anzeichen für diese schleichende Vergiftung des Planeten.

Diese Entwicklung wird nicht gestoppt werden, auch wenn sich gewisse Kreise aus parteipolitischen taktischen Überlegungen heraus pro forma darum bemühen. Die Verseuchung geht in galoppierender Weise weiter, und es wird keine zehn Jahre dauern, da wird das Trinkwasser Mangelware und die Atemluft durch Filter zu reinigen sein. Ihr ahnt gar nicht - oder ahnt ihr es doch - welche Zeiten auf euch zukommen. Ihr fürchtet euch vor einem Krieg, zu Recht, er wird kommen, allerdings nicht in Europa, hier nur kleinere Scharmützel und eine Art Kriegsgeplänkel, viel schlimmer ist der Krieg, den die Natur euch, die ihr über die Natur geherrscht habt, erklärt. Das wird eure letzten Kräfte erfordern, bevor der Planet zusammenbricht oder, genauer ausgedrückt, bevor Gott eingreift und die große Reinigung vollzieht.Das Umkippen der Gewässer, die Verseuchung der Luft mit Schadstoffen, die Vergiftung der Böden sind nur ein Ausdruck dafür, wie vergiftet euer Wesen ist, wie gierig ihr ausbeuten müßt, wie materialistisch euer Denkansatz ist. Statt euch zu begnügen mit dem Minimum des für das Leben Erforderlichen, treibt ihr Raubbau und könnt nicht genug bekommen. Wundert euch nicht, wenn die Erde sich eurer Herrschaft entzieht. Das waren noch nie kluge Herrscher, die ihre Untergebenen ausgebeutet haben. Aber was soll`s! Ihr hört diese Worte und lacht darüber, bis euch das Lachen im Mund ersticken wird, jawohl, ersticken wird im wahrsten Sinne des Wortes.

Raumfahrt

Der Wunsch, Gott nahe zu sein, ist so alt wie der Mensch selber. Ikarus, der der Sonne entgegenflog, tat nichts anderes, als diesen Wunsch zu realisieren. Alle, die sich über den Planeten dem Himmel entgegenbewegen, suchen unbewußt die Nähe Gottes.

Dies ist der gewaltige Impuls, der hinter der Weltraumforschung steht. Natürlich ist es auch der Rausch, sich die Technik gefügig zu machen, daß sie die größten Träume verwirklichen hilft. Gleichzeitig verbirgt sich aber dahinter die Sehnsucht, zu wissen, was im Innersten das Universum zusammenhält, wie der Kosmos beschaffen ist, wie die Erde sich "von draußen" anschaut.

Wäre nicht dieses überstarke Gefühl vorhanden, hätte der Mensch nicht solche Erfolge in der Weltraumeroberung vorzuweisen. Natürlich ist es legitim, auf diese Weise große neue Räume zu erobern, die Grenzen menschlichen Intellekts und menschlicher Körperqualitäten weiter nach oben zu verlegen. Natürlich hat der Mensch ein Recht, alles mit seinem kühnen Verstand zu durchdringen und es sich dienstbar zu machen. So steht schon in der Bibel die Aufforderung an Adam, den ersten Menschen: Machet Euch die Erde untertan!

Die Eroberung des Mondes war ein Schritt Gott entgegen. Nicht daß Gott dort seine Wohnstatt hätte, nein, er ist nirgends so nahe wie im stillen Kämmerlein, wenn du mit dir allein bist - nur da vermagst du ihn zu hören - aber die Ahnung von der Immensität des Weltalls hat die Herzen und Seelen jener Männer erfüllt, die den Erdball in der Ferne unter sich sehen konnten. Als Veränderte kehrten sie zurück. Nicht mehr Mittelpunkt ist die Erde in ihrem Denken, und doch leben sie voller Dankbarkeit auf diesem Planeten. Die Größe des Universums erfaßt nur ein ganz großer Geist, und die, die sich auf eine solche Aufgabe vorbereiten, haben ihren Geist weit gemacht für die Abenteuer des Weltalls. Wenn es ihnen trotzdem nicht gelungen ist, die Menschen von der Größe Gottes zu überzeugen, so liegt das daran, daß sie Gott noch nicht auf dem Mond gefunden haben. Vielleicht müssen sie erst den Mars betreten, um jene Einsicht in Gottes Baupläne zu gewinnen, die den Mystikern seit langem bekannt und erfahren sind. Reise nach AUSSEN ist ein Umweg, Reise nach INNEN führt zum gleichen Ziel. Überall steht am Ende die Erfahrung eines über alle Maßen und Erkenntnis großen Schöpfergottes, der uns, seinen abtrünnigen Kindern, auf verschiedene Weise sein Mysterium enthüllt. Welchen Weg du wählst, ist deine freie Entscheidung. Du kommst eines Tages ans Ziel, ganz gleich, ob Mond oder Saturn oder Venus erobert sind. Gott oder das Wissen schlechthin offenbart sich dir auf eine ganz spezifische individuelle Weise, in Bildern, Visionen, Worten oder Feuerfunken. Halte alles für möglich, sei offen für diese Weltraumfahrt zum Thron Gottes.

Atomkrieg

Man sollte diesen Fragenkomplex unterteilen und zwar in zwei Teile: 1. Wird es einen Atomkrieg geben, der eine globale Verwüstung anrichten wird? und 2. Wird es überhaupt einen atomaren Krieg geben?

Zu Frage 1: Es wird in der Tat keinen Atomkrieg geben, der die Welt in der jetzigen Form in die absolute Verwüstung treiben wird. Dies ist durch Gottes Ratschluß von den Menschen, die es eigentlich verdient hätten, abgewälzt worden. Stattdessen wird eine großangelegte Reinigungsaktion der Erde stattfinden und zwar in der Weise, daß eine auf ein bestimmtes Gebiet begrenzte militärische (atomare) Auseinandersetzung Kräfte im Erdinnern mobilisieren wird, die dazu beitragen werden, daß die Erde sich gegen die Vergewaltigung aufbäumt und dem Menschen das Konzept verdirbt.

Ich kann noch näher darauf eingehen. Es wird in dem Vorderen Orient eine kleinere atomare Aktion geben, die dann aber zu gewaltigen vulkanischen Ausbrüchen und Überschwemmungen führen wird, die wiederum das planetarische Gleichgewicht erschüttern werden und am Ende den Planeten in eine neue Umlaufbahn und mit veränderten Polkappen bringen wird. Nach einer Phase des Herumtaumelns durch das freie All wird der Planet Erde wieder eingefangen werden, und er wird sich dann in einer etwas weiteren Erdbahn um die Sonne wieder aufrichten, aber so, daß der Nordpol Südpol und umgekehrt ist. Während dieser richtungslosen Phase werden die Menschen das Gefühl haben, sich in einem furchtbaren Orkan zu befinden. Sie werden sich an alles anzuklammern versuchen, aber große Teile der Erdoberfläche werden abgerissen werden und als Erdtrümmer durch das Weltall fliegen. Nur wenige werden diese Situation überstehen und zwar nur die, die in tiefen Höhlen der Erde Zuflucht gesucht haben, und jene, die vorher in einer großangelegten außerirdischen Rettungsaktion zu einem anderen Planeten transportiert worden sind. Danach gibt es dann eine Rückkehr auf einen sanft schimmernden und weniger schroff aussehenden Planeten, der andere Jahreszeiten haben wird, nicht so kurze, sondern lange Phasen klimatischer Gleichförmigkeit, und dort wird sich eine glückliche Schar zu einem friedlichen und freundlichen Lebensalltag zusammenfinden.

Du fragst nach der Zeitspanne, die es noch braucht bis zu diesem Ereignis. Nach meiner Einschätzung feiert ihr nicht mehr den Übergang in das dritte Jahrtausend. Die Zeit ist nahe herangekommen, und die Mutigen unter euch sollten den Menschen verkünden, daß es auf das Ende der jetzigen Erde zugeht. Aber sie wird auferstehen, gereinigt sein, gute irdische und klimatische Bedingungen haben, und sie wird ein Planet des Friedens sein. Ein ganz anderer Menschentyp wird sie bewohnen, der Mensch des Wassermannzeitalters, klug, aber nicht überzüchtet in intellektueller Hinsicht - und deswegen nicht kalt und kurzsichtig -, reif und sehr sensibel für die Aufnahme ätherischer Schwingungen. Die Hauptbeschäftigung wird sein: Gedankenkraft für die Gestaltung der Umwelt einzusetzen als Ersatz für Hand- oder Maschinenkraft. Gespräche werden zwar auch akustisch, aber in der Hauptsache telepathisch ablaufen. Und die Liebe zwischen Mann und Frau wird nur aus Zärtlichkeit bestehen und nicht aus Brutalität. Zwar wird die physische Komponente noch vorhanden sein, aber überwiegen wird in jedem Fall die Vereinigung der Seelen in einer nicht zu übertreffenden Harmonie. Die Kinder, die aus solchen Paaren geboren werden, werden sehr schön sein, denn Kinder der Harmonie entsprechen den ästhetischen Gesetzen.

Freut euch auf dieses Leben, und bereitet euch vor, indem ihr jeden Tag mehr zu verstehen und jede Stunde richtig zu nutzen versucht.

Seele - Geist - Gehirn

Die Seele ist das, was ihr unter Charakter versteht. Die tiefen Einsichten in das Ganze des Universums wohnen im Geist, der immer eine gewisse Höhe hat, da er nie aus den mentalen Ebenen herauswuchs. Die Seele aber trägt alles, was ihr an Sehnsüchten und Eigenschaften besitzt. Sie ist die persona, die Person an sich, eure Individualität. Ihre Bindung an den Körper erfolgt nach den Gesetzen der Ähnlichkeit, insoweit als sich immer Eigenschaften formal äußern, z.B. die Form einer Oberlippe zeigt die Sensibilität eines Menschen, die Unterlippe seine Sinnlichkeit. Wenn also eine Seele mit diesen Eigenschaften sich neu inkarnieren muß, dann sucht sie sich Eltern heraus, deren Körperbau z.B. eine solche Ober- und Unterlippe beim Kind erzeugen würde. Denn nur der Körper wird von den Eltern vererbt, alles andere geschieht nach dem Gesetz `Gleich und Gleich gesellt sich gern´, also nach dem Prinzip der Ähnlichkeit. Ein geiziger Vater kann also ein Kind heranziehen, das noch sehr in die Materie verstrickt ist. Dann spricht man von Vererbung, es ist aber Anziehung aufgrund von Ähnlichkeit.

Die Rolle des Geistes ist anderer Art. Er ist quasi vollkommen bei allen Menschen, er ist das Höhere Selbst, der Funken Gottes, unser göttlicher Teil. Er ist die Stimme des Gewissens, die in wachen Menschenseelen sich oft zu Wort meldet. Er ist der innere Heiler. Mit ihm hast du Kontakt, und über ihn habe ich mit dir Kontakt. Er ist der Hüter an der Schwelle, wenn ich einen anthroposophischen Terminus gebrauchen soll. Es ist also die Seele, die sich immer wieder mit einem Körper verbinden muß, um sich zu vervollkommnen, d.h. so zu werden wie der ihr übergeordnete Geist, mit dem sie letztendlich verschmilzt. Das Gehirn ist ein Instrument, das an sich keine Eigenständigkeit besitzt. Ein Hammer ist ein gutes Instrument, aber er schlägt nicht von selbst. Er benötigt einen Geist, der ihn einsetzt. Genauso benötigt das Gehirn einen Geist, der es in Gang setzt und betätigt. Das ist der Geist. Aber nur wenn die Seele in Ordnung ist, kann sich der Geist verständlich machen. Ist die Seele krank, wird es sehr schwierig für das Gehirn, die Impulse aufzunehmen und umzusetzen. Vergleiche 3 Membranen: Geist - Seele - Körper. Ist die mittlere Membran vertrocknet oder naß, so wird sie die Impulse der Geistmembran nur verfälscht weitergeben. Das sind dann die sog. Geisteskrankheiten, die im Grunde alle ausnahmslos Seelenkrankheiten sind.

Genie

Das Genie ist Gottes Einbruch in eure Welt mit Hilfe eines erleuchteten Kanals.

Ein genialer Mensch schafft nichts aus sich selbst, sondern hat nach einer langen Kette von Inkarnationen eine solche feinstoffliche Durchlässigkeit erreicht, daß die geistigen Ströme aus anderen Existenzebenen mittelbar in ihn eingehen können. Viele Weise und Genies haben dieses erkannt und davon gesprochen. Sie empfanden das, was mit ihnen geschah, als einen Akt des Fremdeinflusses. Sie standen unter einem Einfluß, sie wurden gezwungen, etwas zu komponieren, zu schreiben, zu malen, es geschah fast im Zustand der Halb- oder Volltrance.

Ein Wunderkind ist ein Mensch, der seine Meisterschaft schon in dem vorangegangenen Leben erreicht hat und dem nun als Eingeweihter, d.h. als Medium, Zugang zu all diesem Wissen geboten wird.

Ein Genie ist also ein in höchstem Grade medialer Mensch, der sich für die Erkenntnisse und Fähigkeiten höherer Geister öffnet. Sein Verdienst besteht nicht in der Originalität des eigenen Schaffens, sondern in einer absoluten Passivität des Empfangenden. Denn alles kommt ihm zu, fließt durch ihn hindurch, alles wird ohne sein Zutun geformt.

Nehmen wir ein Beispiel. Johann Sebastian Bach war als Fischemensch außerordentlich sensitiv. Seine Musik ist ein Abbild unserer Musik auf der Ebene des Christus. Seine Musik trägt den goldenen Schimmer der Christushallen, die von Licht, ewigem Licht durchflutet sind. Seine Musik sollte Geisteskranken und psychisch Kranken vorgespielt werden, weil sie eine heilende Substanz ist, eine seelennährende Kraft besitzt.

Mozart gehört einer anderen Stufe an. Er ist noch nicht auf der hohen Stufe eines Bach, aber sein Inspirator hat die eine Seite Gottes, seine universale Heiterkeit, in sich verwirklicht, und dieser Zauber webt in Mozarts Musik. Sie ist eine Musik der seligen Gefilde , eine Musik, die man sich unter den hohen Gewölben des Himmels vorstellen kann, sie gehört aber noch nicht in die Innenräume der göttlichen Gemächer.

Alle Gedanken, die universale Wahrheiten enthalten, stammen nicht von euch, sondern von erleuchteten Geistern auf diesem Plan. Ich möchte damit euren Intellekt nicht entthronen, denn natürlich muß auch das Instrument gut gestimmt sein und handwerklich in Ordnung, um bestimmte Aufgaben erfüllen zu können. Aber das Instrument ist nicht der Meister, es dient einem Meister, das ist der Unterschied. Ein Genie ist also ein Mensch, der an Gottes Kräften teilzuhaben imstande ist. Es ist immer eine alte Seele, die ihre geistigen Sinne im Laufe der Jahrtausende entwickelt hat, so daß sie von drüben benutzt werden können zur Verkündigung Gottes.

Märchen

Im ureigentlichen Sinne sind Märchen echte lebendige Erfahrungen, die unmittelbar weitergegeben worden sind. Nicht das Wunderbare daran überraschte, eher das Alltägliche, denn Wunder und Alltag waren eins. Die Zeit, da Märchen entstanden, geht auf eine Phase dieses Planeten zurück, da die Menschen noch auf einer sehr niedrigen Entwicklungsstufe standen und ihr Gehirn auf eine andere Weise benutzten als ihr heute. Sie verstanden die Sprache der Umwelt besser, als ihr heute einander verstehen könnt trotz einer hochentwickelten Buchstabensprache. Sie standen mit dem All in Verbindung aufgrund ihrer Sensibilität und ihres ausgemachten Einfühlungsvermögens. Sie verstanden die Sprache der Tiere, und diese sprachen zu ihnen in Bildern und Zeichen. Diese Zeichen wurden verinnerlicht und dann erkannt. Das Gehirn war noch Spiegel der Empfindungen, und deshalb konnte niemand den anderen betrügen. Alles Innere war sichtbar und ging in den Betrachter ein. Verwandlung war das Stichwort. Alles konnte sich in alles verwandeln, da die Energie sich noch nicht so starr verfestigt hatte wie heute, es war eher ein ewiger Kreislauf von halbfesten und flüchtigen Zuständen. Der Eindruck für euch heute wäre ein völlig verwirrender, denn ihr würdet vergeblich nach Konturen suchen. Diese wechselten ständig, und es geschah auf eine sehr intelligente Weise, eben durch das Denken. So wie heute eure Gedanken wandern, so wanderten die Zustände, und so ist es heute noch in der astralen Welt. Wer es nicht gelernt hat, sich auf eine Sache zu konzentrieren, wird sich in einem Wirbel von tumultösen Farben und Strömen finden, und es wird ihm schwer fallen, irgendeine Form herauszukristallisieren. Wer aber konzentriert denken kann, wird alles entziffern können. Da ist das Geheimnis der

Macht, Konzentration. Je konzentrierter jemand ist, um so mehr enthüllt sich ihm das Geheimnis Gottes. Denn Gott ist ebenfalls höchste angespannte Konzentration.

So sind Märchen im eigentlichen Sinne astrale Dramen, die nacherzählen, was sich auf dieser Stufe ereignet. Dort entstehen die großen Schöpfungen der Kunst. Die große Faszination der Märchen besteht darin, daß sie unmittelbar auf das Unterbewußtsein des Menschen einwirken und dort Prozesse in Gang setzen, die nötig sind.

Okkultismus

Diese Frage ist von ganz besonderer Aktualität, da sie die Zeitenwende einläutet. Früher war es nur einer kleinen Schar von Auserwählten vorbehalten gewesen, sich mit diesen Dingen zu befassen. Heute ist jeder - wenn nicht gerade interessiert - so doch auch nicht unangenehm betroffen, wenn es um die Klärung außersinnlicher Probleme geht.

Die Art und Weise, wie man sich jedoch dem Fragenkomplex nähert, ist außerordentlich verschieden. Die einen sehen darin ein Tor zum Himmel, die anderen einen Spalt, durch den man direkt in die Hölle hinabstürzen kann. Beide haben recht und unrecht. Es kommt nicht darauf an, daß man sich diesen Dingen zuwendet, aber es kommt ganz entscheidend darauf an, wie man sich diesen Dingen zuwendet.

Das Recht des Menschen, Erkenntnisse zu gewinnen, ist ein Vorrecht des Menschen, sein Geburtsgeschenk, sein göttlicher Funke. Wer sich sein Interesse abschnüren möchte, ist nicht auf der Stufe des Menschen, der als freies Wesen von Gott geschaffen ist. Es ist nie verkehrt, Wissen zu erlangen, wichtig ist jedoch die Methode und die Anwendung.

Ich möchte nach diesen allgemeinen einleitenden Worten die Antwort in zwei Teilen geben. Wann ist die Beschäftigung mit diesen Dingen entgegen Gottes Willen, und wann ist sie im Sinne Gottes?
a) Gott darf nicht geschmäht werden, am wenigsten mit einer Gabe, die den Menschen in göttliche Bereiche emporhebt. Gott wird geschmäht, wenn ich das Wissen, das ich auf paranormale Weise erhalte, dafür gebrauche, um anderen zu schaden oder mir selber Vorteile zu verschaffen. Wer einen einträglichen Beruf daraus macht, hat den Lohn schon auf der Erde erhal-

ten. Sein Lohn im Himmel ist dahin. Wer sich aber unverantwortlich bereichert, große Gewinne einheimst, nur weil Gott ihm die Gnade des Hellsehens oder Hellhörens oder Heilens geschenkt hat, der beschmutzt seine Seele und lädt sich ein schweres Karma auf. Nur wer bescheiden bleibt, wer sich entlohnen, aber nicht belohnen läßt, zeigt sich der Aufgabe gewachsen und der Gnade würdig.
b) Im Sinne Gottes arbeiten diejenigen, deren Motive rein sind. Sie tun all dies nicht aus Gewinnsucht, noch aus kleinlichem Ehrgeiz, noch aus blindem Streben nach Macht, kurz nicht aus Eigeninteresse, sondern als Dienst am Nächsten. Wer seinem Nächsten mit dieser Gabe dient, wer dafür Opfer bringt, wer keine Mühe scheut, Liebe zu schenken und die Gabe für den anderen einzusetzen, der wird von Gott reich belohnt werden. Was ist denn \`okkult´? Okkult heißt \`dunkel´. Nun, dunkel ist es in der Seele gerade jener Menschen, die sich nicht mit okkulten Dingen befassen. Ihre Seele ist gezeichnet von Angst und Pessimismus, von Kleinglauben und Zweifel. Ihre Seele ist kraftlos, sie hat ihre Augen, ihre Ohren geschlossen, sie treibt dahin auf dem Meer blinder Emotionen, von Haß gepeitscht, von Liebe gefoltert, von Angst überschattet. Dunkel erscheint diese Seele uns, die wir von oben betrachten können. Erst Menschen, deren Seelen insgesamt lichter sind, können überhaupt mit Erfolg okkulte Praktiken anwenden. Selbst der Schwarzmagier muß als Voraussetzung eine reine, geläuterte, in vielen Inkarnationen gereinigte Seele mitbringen, sonst gelingen ihm viele Operationen nicht. Im allgemeinen ist es ja so, daß die Versuchung erst durch den Gebrauch der Gaben entsteht. Mancher Mensch, der die Gabe des Hellsehens entdeckt, ist von Hause aus vielleicht ein lieber Mensch, gütig und offen. Er beginnt, anderen in seiner Umgebung zu helfen. Mehr und mehr Menschen suchen ihn auf. Sie geben ihm Geld für seine Mühe, Geschenke. Zunächst weist er

das zurück aus dem instinktiven Gefühl, daß es sich nicht gehört, dafür Geld anzunehmen, dann aber flüstert ihm die Stimme des Versuchers zu: Du kannst reich werden, sei doch nicht töricht! Und so beginnt er allmählich Preise anzugeben und macht aus Gottes Gnade ein Geschäft. Bald scheut er auch nicht davor zurück, im Interesse eines Kunden einem anderen zu schaden -, und so ist der Schwarzmagier bereits entstanden.

Die Weiße Magie oder sagen wir besser die Gnade der Medialität setzt einen starken Willen, Selbstzucht und Verantwortungsgefühl voraus und eine unerschöpfliche Liebesfähigkeit. Wer seine Mitmenschen liebt, wer in jedem, auch dem geringsten Bettler, Gottes Antlitz verschleiert sieht, der ist auf dem richtigen Wege. Ihm werden Türe und Tore geöffnet, bis er die Gabe des Hellwissens, des Heilens besitzt. Dieses Leben ist nicht einfach, es ist kein Leben der Machtausübung, sondern eines des Dienstes. Wer auf einem selbstgebauten Thron sitzen möchte, der steige herab, bevor er anfängt, sich mit okkulten Dingen zu beschäftigen. Wer seinen Geldbeutel gleich nach seinem Körper liebt, der warte lieber noch ab, bevor er sein Interesse in dieser Richtung vergeutet. Wissen allein ist gefährlich. Wissen ohne Liebe ist kalt, ist blind, schafft Verwirrung und Neid und Übermut.

Es muß auch gesagt werden, daß die Beschäftigung mit okkulten Dingen zu Recht von der Kirche untersagt worden ist. Denn zu viele Gefahren lauern im Hintergrund auf die, die sich unreif daran machen, Früchte zu pflücken, die ihnen noch gar nicht zustehen. Es gibt ein geistiges Gesetz, das bedeutet: alles, was ausgeht, kehrt zurück. Geht ein böser Gedanke von dir aus, so kommt mit Sicherheit ein böser Gedanke zu dir zurück. Rufst du dir Dämonen zu Hilfe, so kannst du mit Sicherheit eines Tages in deren Dienste treten. Dazwischen treten gesundheitliche Probleme aller Art auf, angefangen bei enormen Kräfteverlust, Verdauungsbeschwerden, Kopfschmerzen, totalem Bewußtseinsschwund, epileptischen Anfällen, Schizophrenie und dgl. Ich warne hiermit jeden, sich mit Magie zu beschäftigen, wenn er keine Aufforderung eines hochstehenden Meisters dazu erhalten hat. Nur wer die nötige Reife für diese Dinge mitbringt - und das sind meist alte Seelen, die viele Leben hinter sich gebracht haben, viel Entsagung und Leid durchgestanden haben und deshalb weniger egoistisch sind -, bekommt einen Schutz beigeordnet, so daß ihn außer gelegentlicher Ermüdung keine Probleme erwarten. Die Kirche, die ihre Schäfchen kennt, die weiß, daß unter 100 nur einer die sittliche Reife besäße, tut recht daran, alle davor zu warnen. Sie tut allerdings unrecht, wenn sie die Gabe an sich verwirft. Denn die Gabe ist göttlich, sie ist eine Auszeichnung, sie hebt den Menschen aus der Masse jener heraus, die die Grenzen der Dreidimensionalität ertragen müssen, sie läßt sie hinter den Schleier schauen.

Die Gabe wird im Laufe der Jahrmillionen Teil jedes Menschen sein, der auf diesem Planeten lebt. Erst dann ist Gottes Plan mit euch erfüllt, wenn ihr wieder teilhaben könnt an seiner Weisheit, an seinem Leben. Das wird die neue Religion der Welt sein, die keine Einschränkung durch Konfessionen oder Glaubensrichtungen kennt. Wer hellsehen, hellhören, alles wissen und die geistige Kraft zum Heil aller einsetzen kann, der ist ein erwachter Teil Gottes.

Liebe Brüder, ihr seht, die Beschäftigung mit okkulten Dingen ist im Sinne Gottes, sie ist sein ureigenstes Anliegen. Sie ist die Brücke zur Rückkehr ins Vaterhaus. Aber wer diese Brücke betritt, diesen schmalen Steg über reißendes Gewässer zu gehen versucht, der muß furchtlos sein, sicher und zielbewußt. Zu viele betreten diese Brücke und fallen hinunter. Ich bitte dich, frage dich ernsthaft und absolut ehrlich, ob du einen solchen Schritt wagen darfst. Wenn du die Menschen liebst, wenn du nichts anderes als helfen willst, so wage es. Es werden dich auf jeder Seite Engel begleiten und deinen Sturz verhindern. Sei willkommen, Bruder unter Brüdern. Gott hat dich auserwählt, folge seinem Ruf.

Adam und Eva

Adam und Eva sind die ersten zweigeschlechtlichen Menschen, die Gott geschaffen hat. Der Mythos in der Bibel berichtet wahrheitsgetreu von diesem schwerwiegenden Ereignis. Vorher gab es auch Menschen oder lebende Wesen, aber sie trugen beide Pole in sich, den negativen oder weiblichen Pol und den positiven oder männlichen Pol. Sie standen Gott näher, denn Gott vereinigt ebenfalls beides in sich, die Frau, die Mutter, den Mann, den Vater. Auch eure Magier, oder sagen wir besser Eingeweihten, verstehen es, beide Pole in sich auszubalancieren und so zu einer allmächtigen Gottesnatur zu gelangen.

Du fragst, warum Gott diese Zweiteilung vorgenommen hat. Nun, aus mehrfachen Gründen. Einmal mußte er jene, die von ihm abgefallen waren, bestrafen. Adam und Eva gehörten ja nicht mehr zu den reinen Wesen, sondern zu jenen, die sich für den Lichtträger Lucifer entschieden hatten. Aber Gott in seiner Güte wollte sie noch in den untersten Regionen des Paradieses in himmlischer Ruhe leben lassen. Um ihnen aber Aktivitäten zu ermöglichen, mußte er einen Spannungszustand schaffen, und dies geschah durch die Ausgliederung der Rippe, die symbolische Erschaffung Evas aus Adam. Damit hatte sich das ursprüngliche eine Wesen in zwei geteilt, und eine schöpferische Beziehung war möglich geworden. Denn alle Schöpfung ergibt sich aus der Spannung: das Licht, das Kind, die Planeten, die Kinder des Weltalls. Wo Spannung herrscht, entsteht etwas, formt sich etwas. So trug dies zu der ersten Aktivität des Paares bei, dem Zeugen und Gebären der Menschenkinder.

Die zweite Tätigkeit, die sich aus der Spaltung ableitete, war die Arbeit, denn der eine konnte nicht mehr autonom leben, ihm fehlte etwas. Und wenn etwas fehlt, muß es geschaffen werden oder erarbeitet werden. So wurde hier der erste Arbeitsprozeß initiiert, quasi die erste Fabrik im Paradies. Adam und Eva mußten nun arbeiten, es genügte nicht mehr, die Früchte des Paradieses zu essen und es sich auf dem Rasen gütlich zu tun.

Der neuerliche Sündenfall aber, die Übertretung eines weiteren Gebotes Gottes, nämlich einen Baum im Paradies nicht anzutasten, führte zur Vertreibung aus dem Garten Gottes und auf diesen kleinen dunklen Planeten Erde. Dies war ein Exil, und alle, die im Exil leben, spüren eine Sehnsucht, in die Heimat zurückzukehren. Diese Sehnsucht lebt auch in den Menschen, im einen stärker als im anderen. Dies ist die dritte Folge der Teilung, die Sehnsucht nach den seligen Gefilden und damit auch der Wiedervereinigung zu einem Geschöpf. Diese Wiedervereinigung geschieht im allgemeinen erst, nachdem der einzelne Mensch seine Inkarnationsreihe abgeschlossen hat, d.h. wenn er nicht mehr auf diesen Planeten zurückzukehren hat. Dann begegnet er seinem Dual, von dem er einmal getrennt wurde, analog dem Vorgang zwischen Adam und Eva. Dann findet die große "Einverleibung" der Rippe statt, die Wiedervereinigung, die Verschmelzung der Seelen. Auf diese kosmische Hochzeit dürft ihr euch von Herzen freuen, sie ist ein Akt von erstaunlicher Tiefe und Süße. Alles, was ihr Liebe nennt, ist nur ein schwacher Abglanz von dem, was euch erwartet. Ihr seid, wenn ihr einen Mann, eine Frau sucht als eure Ergänzung, in Wahrheit auf der Suche nach jenem abgespaltenen Teil, und immer treibt euch die Hoffnung, es werde euch gelingen, ihn aufzufinden. Dies ist gut so. Dies hat dazu geführt, daß die Welt sich bevölkerte, daß die gefallenen Seelen sich inkarnieren konnten. Aber wenn ihr eine Enttäuschung erlebt, dann wisset, daß es im Sinne Gottes war, daß ihr noch nicht die selige Erfüllung erleben dürft, seid zufrieden, daß ihr am anderen etwas gesehen habt, was euch an den EINEN erinnert, seid dankbar für euer partielles Entzücken und die Möglichkeit, durch den anderen lernen zu können. Ihr habt auch mit ihm dieselben Chancen wie Adam und Eva, ihr könnt Kinder zeugen und gebären, arbeiten und euch nach eurer gemeinsamen Heimat sehnen. Wenn die Zeit reif ist, wird sich euer heimliches Sehnen erfüllen ganz ohne euer Zutun, dann werdet ihr aufeinanderstoßen, voneinander angezogen werden wie ein Eisenspan zu seinem Magneten. Dies wird dann den Einzug in Gottes paradiesischen Garten bedeuten und damit in die Vorhöfe des Himmels.

Emanzipation

Das Wesen der Frau ist im Gegensatz zum Mann ein in sich ruhendes System, während das des Mannes ein vorwärtsdrängendes aggressives eindringendes ist. Die Frau hat sich über alle Wesensmerkmale erhoben und vereinigt in sich bereits im Ansatz die Bipolarität, d.h. sie ist in weiter vorgeschrittener Weise androgyn und damit Gott näher auf dem Weg geistiger Vollendung. Daraus und nur daraus resultieren ihre spezifischen Aufgaben, die sie heute in weit besserem Maße bewußt ausführt.

Zunächst ist sie bergende Hülle für das keimende Wesen und damit zugleich Schutzmutter aller sich neu zu inkarnierenden Wesen. Ihre Aufgabe während dieses Prozesses ist die weitgehende Immunisierung gegenüber allen negativen Umweltreizen, seien es chemische Vergiftungsprozesse oder geistige Zerstörungsprozesse. Aufbauend soll sie sein im materiellen wie im immateriellen Bereich, dann wird das Wesen mit einem schönen und klugen Organismus ausgestattet sein. Sie möge wissen, daß jeder verneinende Gedanke, jeder Haßgedanke eine Art Todeskeim in das heranwachsende Wesen in ihr senkt und dessen Lebensalter verkürzt.

Die zweite Aufgabe - und das meine ich im Sinne einer Hierachie - ist, allen Menschen eine gute Dienerin zu sein, dem Nächsten zu helfen, dieses Leben zu ertragen. Alle sozialen Impulse sind aus großen Frauen hervorgegangen und wurden dann von Männern verwirklicht. Die tätige Nächstenliebe ist ihre Domäne; dort einen Beruf, wenn auch auf der sog. niedersten soziologischen Stufe, auszuüben, ist ihre geheime Bestimmung. Dort wird sie sich ganz erfüllen können und viel für sich selbst und

ihre Vervollkommnung gewinnen.
Die dritte Aufgabe ist die Schlichtung. Überall dort, wo Streit herrscht, wo Aggressionen freiwerden, schlichtend eingreifen, ist ihre Aufgabe und ihr Talent. Richterliche Berufe und solche, wo beratende Funktionen erfüllt werden, wie z.B. in der Ehe- oder sozialen Beratung, sind ihr ein wichtiger Weg, dessen Ziel immer die Herstellung sozialen Friedens ist. Frauen sind dort am besten Frauen, wo sie dem Frieden dienen, wo sie der Unzufriedenheit Einhalt gebieten und auf die Schönheit aller Lebensverrichtungen hinweisen. Ausgleich und Harmonie, Schönheit und Gewaltlosigkeit verkörpern die großen Frauengestalten der Menschengeschichte, und daran sollte sich die Frauenbewegung orientieren. Nicht dummes Geschwätz von der Gleichberechtigung sollte an der Tagesordnung sein, sondern klar herausgearbeitet werden sollte der Unterschied der Geschlechter und ihre ureigene Art, die eben nicht gleich ist, sondern im Kern diametral angelegt ist. Daraus ergeben sich Ergänzung in der Partnerschaft, nicht aber Kampf um dieselben Rechte. Eine Frau sollte natürlich dieselbe Bezahlung für gleiche Arbeit haben, aber falsch wäre es, für sie die gleiche Arbeit zu fordern wie für den Mann. Das wäre eine totale Verkennung der gottgewollten Aufgaben und Geschlechterausstattung. Da, wo beide sich in ihrer Andersartigkeit erkennen und anerkennen, erblüht die Achtung, aus der die richtige Einschätzung der verschiedenen Wesensqualität erblüht. Vor Gott sind beide gleich und beide zutiefst ungleich, und dort, wo sie wieder verschmelzen, ist sehr viel Selbsterkenntnis und Selbstarbeit geübt worden. Dem anderen dabei dienend beistehen, ist die Aufgabe beider Geschlechter, denn wo das Ziel dasselbe ist, die Verschmelzung, wird die Achtung und Liebe des anderen zu einer Selbstverständlichkeit. Und was wäre das

Leben für eine armselige Fron, wenn die Spannung der Geschlechter fehlen würde! Also danke Gott für den Mann, für die Frau, die er schuf.

Eltern

Unsere Eltern haben wir danach ausgesucht, wie sie in unseren Lebensplan passen. Sie sind in den seltensten Fällen unsere geistigen Eltern, d.h. unsere wirklichen Eltern. Später werden alle zu ihren geistigen Eltern zurückfinden. Sehr häufig sind es eben nur ähnliche Seelen, mit denen wir schon in früheren Leben zu tun hatten, die uns Möglichkeiten geben, uns weiter auszubilden. Eine geistige Verwandtschaft ist mitunter gar nicht vorhanden.

Sehr wichtig ist auch der Zeitpunkt der Zeugung oder besser die Beziehung der Eheleute zum Zeitpunkt der Zeugung. Ihre Schwingungsharmonie oder Disharmonie bestimmt, welches Wesen herangezogen wird. Deshalb sind Kinder, die aus großer geistiger und körperlicher Liebe entstehen, sehr selten, und deshalb gibt es so viele disharmonische Kinder. Je fremder sich Eheleute in der Tiefe ihres Wesens sind, um so schwieriger für die Kinder, denn sie müssen in ihrem Wesen diesen Abgrund überbrücken.

Kinder und Eltern

Ich denke, es genügt, auf das Wesentliche hinzuweisen.

Kinder und deren Eltern sind keine Zufallsbegegnungen, sondern immer schon mehrfach miteinander verbunden gewesene Seelen, die sich erneut treffen, um ihre Aufgaben und Pflichten miteinander zu lösen. Es trifft nicht zu, daß eine geheime Wahlverwandtschaft zwischen ihnen besteht - das mag im Einzelfall sein -, aber im allgemeinen ist es eine recht wahllose Mischung von Individuen, die sich gegenseitig aussuchen, um miteinander ein Stück Arbeit zu erledigen.
Die Pflichten der Kinder sind schnell beschrieben. Am Anfang ist die Verehrung der Eltern sehr wichtig, im Laufe der Zeit sollte Dankbarkeit hinzutreten und im Alter ganz einfach Pflichterfüllung, d.h. ganz konkrete Hilfe für die schwächer und müde gewordenen Eltern. Die Pflichten der Eltern sind, Vorbild zu sein für diese jungen Menschen, die sich sie ausgesucht haben als Betreuer und Wegweiser, und später nicht nur Vorbild, sondern Liebesobjekt. Dort wo die Wärme der Zuneigung fehlt zwischen Eltern und Kindern, verkümmern die Individuen und zwar von beiden Gruppen. Ich lege Wert darauf zu betonen, daß diese Zuneigung und Pflichterfüllung der Kinder gegenüber den Eltern und der Eltern gegenüber den Kindern nicht aufhört, wenn die Jüngeren oder die Älteren eine Ehe eingehen. Die alten Familienstrukturen sollen nicht aufgelöst, lediglich ein wenig verändert werden. Ein Sohn bleibt ein Sohn, auch wenn er selbst Familienvater wird, und eine Tochter bleibt eine Tochter, wenn sie selbst Großmutter wird. Hier muß wieder viel gelernt werden, und es sind vor allem

die jüngeren Leute zu tadeln, die meinen, sie könnten ihre alten Eltern einfach in ein Heim abschieben und sie am besten vergessen. Damit haben sie nichts gelernt und werden sich erneut begegnen müssen, um diese Lektion nachzuholen.

Ich wiederhole, Altenheime sind richtig und gut für diejenigen, die ganz allein stehen. Wer aber Kinder hat, sollte erwarten dürfen, von diesen im Alter geehrt und gepflegt und in seiner letzten Stunde nicht verlassen zu werden. Alles andere ist Grausamkeit und Trägheit des Herzens und verdient nicht, als moderne Errungenschaft gepriesen zu werden.

Zwillinge

Die Zwillingsforschung, so wie sie bei euch betrieben wird, steckt noch ganz in den Anfängen. Wichtig ist, daß man beachtet, in welchem Abstand die beiden Menschen geboren werden, denn dies beeinflußt die Parallelität des Schicksals. Je schneller die beiden Kinder aufeinanderfolgen, um so `gradgenauer´ ist der Ablauf ihres persönlichen Lebens. Immer sind für die einschneidenden Ereignisse die astrologischen Konstellationen verantwortlich, in vielen Fällen genügt es, wenn man das Tageshoroskop macht, daraus läßt sich bereits sehr vieles ablesen. Tatsachen, die sich beim Vergleich solcher Leben ergeben, entstehen natürlich nicht nur durch den kosmischen Einfluß, der zugleich als Kosmos des Inneren aufzufassen ist. In gewisser Weise wirken telepathische und kinetische Impulse mit,um die sog. Feinstruktur des Lebens zu bewirken. Wenn also jemand einen Partner heiratet, dessen Name Fritz ist, so teilt sich dies dem Zwillingspartner auf telepathische Weise mit, und er hält nun soz. Ausschau nach einem Menschen mit dem gleichen Namen und gleichen Eigenschaften. Denn was der eine hat, spürt der andere, was er denkt, denkt auch er, was er fühlt, fühlt auch er. Die Seelenverwandtschaft ist kolossal groß, denn diese Seelen waren in früheren Inkarnationen oftmals in einer so engen Verbindung, die zugleich sehr harmonisch war, daß sich aus diesem Gefühl heraus der Wunsch ergab, sich erneut sehr eng zu verbinden. Dies erfolgt durch die Wahl der gleichen Eltern, wenn diese Seelen schon sehr weit fortgeschritten sind, oder durch das Ausarbeiten der astrologischen Programme durch die sog. Schicksalslenker (Wesen der Kausalebene). Das ist der Grund für die sehr enge Beziehung dieser Menschen zueinander. In weiteren Inkarnationen müssen sie sich nicht begegnen, wenn ihre Gefühlswelt in der gegenwärtigen Inkarnation quasi `saturiert´ wird. Dann nehmen sie insgeheim Abschied voneinander. Aber immer ist es ein Gefühl starker Zärtlichkeit, das bei jedem von ihnen zurückbleibt. Es wird nie Zwillinge geben, die sich hassen oder absichtlich wehtun, die sich morden oder vergewaltigen. Es sind immer innige und zarte Bande, die die beiden Seelen verschlingen. Ich möchte dieses die `Vorduale´ nennen, eine Vorstufe jener Beziehung zweier Seelen, die die rechtmäßige Ergänzung des anderen von Urzeiten her darstellen und die sich einmal finden werden zu erneuter Verschmelzung. Wer also Zwillinge in seiner Umgebung entdeckt, kann von ihnen lernen, wie Menschen miteinander umgehen sollten, zart, voller Hingabe und mit echtem Entzücken an der Art des anderen.

Heimkinder

Das Problem ist mehrfältig. Zunächst möchte ich in folgender Weise gliedern:

1. Kinder, die ins Heim müssen, weil es keine andere Möglichkeit der Erziehung gibt;
2. Kinder, die ins Heim gegeben werden, obwohl keine Notwendigkeit dafür besteht, und
3. Kinder, die aus tragischen Motiven in ein Heim geraten.

1. Kinder, die ins Heim müssen, sind solche, deren Familienhintergrund nicht mehr existiert, d.h. sie sind Waisen. Hier hat der Staat eine Aufgabe zu erfüllen, da die Ehe geschützt ist und Kinder, die daraus hervorgehen, des staatlichen Schutzes bedürftig sind, wenn der Schutz der Eltern nicht mehr gewährleistet ist. Diese Kinder bilden gewissermaßen das Hauptreservoir an Heimkindern.

Die Erziehung ist in jedem Fall als positiv zu begrüßen, obwohl Erziehungsprobleme niemals - in keinem Fall -auszuschließen sind. Ein Kind braucht mindestens eine Person, um als Persönlichkeit wachsen und einen Persönlichkeitskern ausbilden zu können. Kinder, die häufig wechselndem Pflegepersonal ausgesetzt sind, werden in ihrer Persönlichkeit amorphe Züge haben, d.h. keine eng beschriebenen Charaktereigenschaften. Solche Menschen haben keinen fest umrissenen Charakter, sondern bestehen aus einem Knäuel von Eigenschaften, die mehr oder minder gewisse Charakterzüge ihrer vielen Erzieher widerspiegeln. Am besten ist es, wenn Waisenkinder in einer familiengerechten Situation aufwachsen können wie etwa in den Kinderdörfern des Herrn Gmeiner. Dort haben sie eine mütterliche Bezugsperson als Zentrum, und man braucht nicht Mutter in biologischem Sinne zu sein, wenn man Kinder erzieht. Im Gegenteil. Oft sind diese Frauen, die nie ein Kind geboren haben, reifer und weiser als viele ihrer anderen Artgenossen, die per Zufall ein Kind oder sogar ein `unerwünschtes´ Kind bekommen haben und es nun mehr schlecht als recht aufziehen. Zusammenfassend möchte ich sagen: besser eine Erziehung in einer familienähnlichen Institution als in einem großen Heim.

2. Die zweite Gruppe sind Kinder, die von ihren Eltern aus irgendeinem Grunde abgeschoben werden, sei es weil sie im Verein der Familie nicht aufwachsen können wegen körperlicher Hinfälligkeit oder weil sie geistig behindert sind. In jedem Fall ist der Verzicht auf ein Kind eine schwere Belastung, die man später einmal wiedergutzumachen hat. Das ist nämlich die vornehmste Aufgabe des Menschen, Kinder zu zeugen und aufzuziehen, d.h. anderen Seelen die Möglichkeit des Aufstiegs zu vermitteln. Hier aber weist man die Aufgabe als zu schwer zurück, und es mag hie und da überzeugende Gründe geben, wenn z.B. die Mutter sehr krank ist oder der Vater die Trennung von dem Kind wünscht als Voraussetzung für die Fortführung der Ehe. Aus diesen zwei Gründen wäre ein Abschieben des Kindes zu vertreten, nicht zu rechtfertigen.

Ein Kind, das ein so schweres Karma mitbringt, wird immer in eine bestimmte Familie geboren, die karmisch die entsprechenden Voraussetzungen mitbringt. Alle sollen durch dieses Schicksal geändert und verändert, geschliffen werden, und sehr häufig entstehen in der Umgebung von behinderten Menschen rechte Edelsteine von Menschen. Wer weiß, daß sich hinter der niedrigsten Menschengestalt eine voll entwickelte Seele verbirgt, dessen Einstellung zu diesen Menschen muß sich grundsätzlich wandeln.

Wird diese Aufgabe also von den Eltern nicht akzeptiert, so scheren sie aus dem Plan aus, den Gott mit ihnen hatte. Das Kind wird seinen Weg finden, es hat sich nicht belastet, sein Glück ist nur geschmälert, wenn es keine Mutter, keinen Vater hat. Die Eltern werden aber so recht in ihrem ganzen Leben nicht froh, da sie doch empfinden, daß sie sich einer großen Aufgabe entzogen haben.

Bei der 3. Gruppe handelt es sich um Kinder, die nicht in ihrem elterlichen Haus aufwachsen können, weil die Eltern durch eine Krankheit, eine Sucht, einen Unfall oder andere tragische widrige Umstände nicht in der Lage sind, sich ihren Kindern angemessen zuzuwenden. Auch in diesem Fall müssen die Kinder vom Staat geschützt und gefördert werden, aber es wäre gerade in diesem Fall besser, wenn solche Kinder zur Adoption freigegeben würden und in einem besseren familiären Milieu aufwachsen dürften. Jeder, der ein fremdes Kind bei sich aufnimmt, trägt viel von seinem Karma ab. Diese Liebe zählt bei Gott viel. Oft empfinden die Eltern nach Jahren nicht mehr, daß es sich nicht um ihre blutseigenen Kinder handelt, so nahe und eng ist die Bindung geworden. Denn seelische Zuneigung ist tiefer als körperliche Ähnlichkeit.

Unsere Kinder stammen ja nur mit ihrem Körper von uns ab, geistig und seelisch sind sie eigenständige Wesen. Nur aufgrund ähnlicher Eigenschaften werden sie von bestimmten Elternpaaren angezogen, die dann meistens meinen, sie hätten bestimmte Eigenschaften vererbt. Nein, vererbt sind diese Eigenschaften gewiß nicht, sie sind nur hinzugetreten nach dem Gesetz \`Gleiches zieht Gleiches an´. Auch wenn Eltern, die positive, starke Naturen sind, plötzlich ein sehr labiles und schwaches Wesen ihr Kind nennen müssen, muß eine solche Veranlagung tief in ihrem Wesen wurzeln und wird nur durch das Kind aufgedeckt. Auch Kinder, die kriminell werden, haben eine verborgene kriminelle Eigenschaft im Wesen ihrer Eltern aufgedeckt. Mitunter wird diese Eigenschaft dann auch in einem positiven Sinne überwunden, indem man einen Beruf wählt, der kriminelle Delikte bekämpft, wie z.B. den Beruf des Polizisten oder Juristen. Eine geheime Verwandtschaft besteht zwischen diesen und jenen, die noch von dem Pfad der Tugend abweichen.

Kinder, die in einem Heim aufwachsen, sind wie verkümmerte kleine Pflanzen, die im Schatten großer Büsche um ihr bißchen Sonnenschein kämpfen müssen. Aus ihnen rekrutieren sich später die am Leben Gescheiterten, Gestrandeten, Kriminelle, Verbrecher, Wüstlinge. Sie haben die zarten und ungemein festen Bande mütterlicher Liebe nicht erlebt, sie fallen daher auseinander wie Holzscheite, die nicht zu einem Bündel verschnürt worden sind. Ihnen gehört die vermehrte Zuwendung der Gesellschaft in positivem wie in negativem Sinne. Aber auch sie gehen ihren Weg, etwas gebückter und lustloser als die anderen, aber am Ende werden auch sie von Gott empfangen werden. Eltern aber, die ihr Kind abgeben, werden erneut und immer wieder vor ähnliche Aufgaben gestellt, bis sie seelisch gereift und erwachsen genug sind, diese ungemein schwere und schöne Aufgabe zu übernehmen.

Rasse

Die Rasse ist eine Möglichkeit, sich mit seiner Umgebung optimal auseinanderzusetzen. Sie stammt aus dem Unvermögen der einzelnen Rassen, sich an den verschiedenen Orten der Erde mit ihren vielfältigen klimatischen und äußerlichen Gegebenheiten vital durchzusetzen. Ein Eskimo könnte unmöglich in den heißen Bezirken der Erde leben, ohne zu leiden, und ein Afrikaner fühlt sich in der Kälte sehr viel elender als ein für diesen Lebensbereich geschaffener Weißer. So hat Gott sich in weiser Voraussicht entschlossen, die Menschen in verschiedenen Spielarten zu schaffen, ohne damit eine Werthierarchie aufzustellen. Doch es muß erkannt werden, daß manche Rassen an Alter, auch an Inkarnationsalter, anderen Rassen überlegen sind. So sind die Chinesen die älteste Rasse der Erde, und dort zeigten sich die ersten Spuren menschlicher Kultur und erste Ansätze eines geistigen Wirkungsvermögens. Auf der anderen Seite der Skala stehen die Afrikaner, die als die jüngste und deshalb körperlich noch vitalste Rasse anzusehen sind. Aber ich warne, irgendeinen Herrschaftsanspruch davon abzuleiten, denn das alles ist nichts als ein ausgewogenes Kräftespiel zugunsten der menschlichen Entwicklung. Entwicklung wäre gar nicht denkbar, wenn es auf der Welt überall dieselbe menschliche Stufe gäbe und wenn die gravierenden Unterschiede der geistigen, moralischen und körperlichen Eigenschaften fehlten. Gerade aus dem Gefälle resultiert der Wunsch sich weiterzuentwickeln. Nehmen wir ein Kind, das mit Kindern spielt. Es wird sich dem Älteren willig unterordnen, vielleicht erst dann, wenn es mit ihm seine Kräfte gemessen hat, und es wird den jüngeren Spielgefährten bemuttern oder führen wollen, wenn dieser darauf eingeht. Das ist die natürliche Form der Entwicklung, durch Führen und Geführtwerden. Deshalb ist aber keines der Kinder schlechter als das andere. Eine rassische Anmaßung, die von vielen Rassen propagiert wird und wurde, ist eine Verteufelung von Gottes Absichten. Niemand ist ein Herrengeschlecht, und niemand ist auserwählt. Wer sündigt mehr, die Weißen oder die Juden? Mögen sie Gottes Geist fragen, und er wird ihnen eine gültige Auskunft erteilen. Hochmut kommt vor dem Fall, in jedem Fall und bei jeder Rasse. Leid und Demütigung sind die Folge eines solchen Herrschaftsanspruches, und die Geschichte ist reich an Beispielen für die Verfehlungen des menschlichen Geistes.

Es trifft auch nicht zu, daß eine Rasse sich entwikkelt und dann nach Erreichung eines Höhepunktes dem Niedergang zustrebt. Aus dieser Tiefe kann sich eine Kultur wieder erheben und einen zweiten Gipfel erreichen, was sich sehr bald im Fall der gelben Rasse bewahrheiten wird. Diese Rasse wird einen Führungsstil entfalten, sobald dieses Jahrtausend zu Ende geht. Dann werden sie technisch die Stärke der USA erreicht haben, und moralisch sind sie ihnen schon längst überlegen. Aber noch ist das Ungleichgewicht der Kräfte vorhanden, und es werden sich rassische Konflikte in der zweiten Hälfte dieser Dekade allüberall zeigen. Dann werden sich die Unterdrückten erheben und die Unterdrücker unter Druck gesetzt werden. Alles ist in Pendelbewegung, strebt zum gerechten Ausgleich.
Welcher Rasse du auch angehörst, wisse, daß Gott dich so schuf zu seinem Wohlgefallen und zu deinen Gunsten.

Gut und Böse

Die Polarität von Gut und Böse gehört zu Gottes Wesen, d.h. sie ist nur Ausdruck seiner schöpferischen Potenz. Ohne den einen Pol wäre der andere nicht denkbar und Fortschritt nicht möglich. Alles, was geschieht, ist diesem Gesetz unterworfen, nämlich sich irgendwie zwischen diesen beiden Polen aufzuhalten.

Das Widerspiel der Kräfte führte zur Erschaffung der Welt, zur Erschaffung der Erde, zur Erschaffung des Menschen und der Lebewesen. Besser verständlich wird diese Antinomie, wenn wir uns vorstellen, daß diese beiden Kräfte entgegengesetzt sind, in räumlicher Vorstellung, oder unter Ausschaltung der moralischen Komponente die beiden Seiten einer einzigen Münze. Jeder Mensch trägt beide Pole in sich, und alles, was er tut, wird von diesen beiden Kräften im Zaum gehalten. Manchmal hat der eine Pol mehr Anteil als der andere. Z.B. muß eine alte Mauer erst eingerissen werden, wenn eine neue erbaut werden soll. Auch müssen alte Verhaltensweisen umgepolt werden, negative Sichtweisen korrigiert werden, aber all dies ist nichts anderes als ein legitimes Verhalten in einem göttlichen Spannungsfeld.

Du wirst nun sagen, das sei eine Verwässerung der Auffassung und beinhalte eine absolute Richtungslosigkeit. Was sei denn nun unter Sünde zu verstehen, wenn das Böse genauso wichtig und nötig sei wie das Gute. Du hast eines noch nicht verstanden. Es hängt von der Ebene der Betrachtung ab. Auf eurer Ebene ist tatsächlich das Böse bös' und das Gute gut, und das muß auch so bleiben, bis ihr euch von allen negativen Impulsen befreit habt. Aber auf einer höheren geistigen Ebene werden diese

Kräfte anders bewertet, weil sie, von oben gesehen, eher als notwendige Ergänzung erscheinen. Ein Beispiel: natürlich war Hitler eine Ausgeburt des Teufels, und sein Verhalten war boshaft und auf äußerste Weise brutal. Von göttlicher Warte aus gesehen, waren aber die Dinge, die er tat, im Plan Gottes, denn all dieses war nötig für die Läuterung zweier Völker, der Juden und der Deutschen. Hitler wird wegen seines Tuns gerichtet, seine Läuterung ist hart, aber er war auch Gottes Instrument insofern, als er Gott ermöglichte, in die Geschichte einzugreifen. Gott, der die einzelnen Seelen kennt, wird diese für eine entsprechende Inkarnation aussuchen, wohlwissend, daß sie der Sünde ergeben sein werden.

Auf einer höheren Ebene wird man diese beiden Begriffe austauschen, indem man das implizite Werturteil vermeidet und von konstruktiven und destruktiven Kräften spricht. Beide sind nötig für den Aufbau geistiger und materieller Welten.

Aggression

Das Wesen der Aggression ist mehr als leicht zu bestimmen. Es handelt sich um einen dem Menschen eingeborenen Trieb, mit dem Mittel des Angriffes sich Vorteile zu verschaffen. Je unterlegener sich jemand fühlt, um so aggressiver ist er in seiner Art. Ein Beispiel möge das verdeutlichen: Wer alle Macht besitzt, braucht sie sich nicht zu erkämpfen, wer aber danach strebt, muß ständig die Zähne fletschen oder sich aufplustern, wie es kampfhungrige Hähne tun, die ihr Revier verteidigen wollen.

Hinter allem aggressiven Gebaren steht die Angst zu versagen, sich eine Blöße zu geben, sich weniger wert vorzukommen als der andere. Ein Mittel, diese Eigenart zu bekämpfen, ist die konkrete Vorstellung, einmal im Leben der Höchste zu sein und sich einmal auszumalen, welche Bedrängnis sich aus dieser Verantwortung ergäbe. Wer anderen die Macht neidet, wird aggressiv sein. Wer anderen die Macht gönnt, wird sanft und tolerant. Also nur an dieser einen Verhaltensweise ist bereits der Weise zu erkennen. Der Weise giert nicht nach Macht, nicht nach Anerkennung. Er ruht in sich, in Gott. Er hat alles Streben hinter sich gelassen, alles Gieren und Jagen nach Ruhm und materiellen Erfolgen. Er ist wahrhaft demütig geworden, ein Bettler und doch Herrscher über alle negativen Begierden. Du kannst die Reife eines Menschen an seinem Mangel oder seinem Überfluß an Aggressionen erkennen, besser als sonst an irgendeinem anderen Charakterzug. Wer noch kämpft, hat es nötig, seine Mängel zuzudecken, zu verstecken. Wer annimmt und sich beugt, ist weise und gottesfürchtig.

Es hat gar keinen Sinn, von Weltfrieden zu reden und darauf zu verzichten, die Aggression des einzelnen einzudämmen. Dazu gehört aber Einsicht in die kosmischen Gesetzmäßigkeiten und das Erkennen der eigenen Ungereimtheit und Unzulänglichkeit. Wer auf das Emporquellen aggressiver Triebe mit Widerstand reagiert, hat einen Schritt in Richtung Stabilisierung des Weltfriedens getan. So lächerlich das auch dem Ungeübten - in dieser Art des Denkens Ungeübten - erscheinen mag, so sicher ist der Wert dieser Aussage. Die Welt, die Umwelt, ist stets ein Spiegelbild der eigenen Seele, und wer in Disharmonie lebt, muß eine chaotische Umwelt ertragen. Das sollte jeden dazu bringen, sich ernsthaft zu fragen, ob er nicht einen bescheidenen, aber wichtigen Beitrag zur Erhaltung des Weltfriedens leisten sollte. Bei dem Ehepartner hat er die Möglichkeit zu beginnen, beim Vorgesetzten, beim Untergebenen kann er die Wirkung ausprobieren, und schließlich wird es sich in seinem Freundeskreis ganz erstaunlich auswirken, wenn er auf alle aggressiven Impulse verzichtet. Ganz neue Energien werden ihm zuwachsen, ganz neue schöpferische Kräfte werden sich entfalten, da die Quelle dieser Triebe tief im sexuellen Bereich zu finden ist. Von dort fliessen geistige und spirituelle Kraft in die Seele des Menschen, der sich von allen zerstörerischen Impulsen befreit hat. Das also wisse: Du kannst dein Kapital verschleudern und stehst am Ende mit leeren Händen da, ein morscher Krieger, oder du gewinnst Reichtum, geistigen Reichtum, die Hülle und Fülle, ein Weiser auf dem Berge, nahe dem Angesicht Gottes. Du wirst den Tag segnen, an dem du diese Erkenntnis in die erste praktische Tat umgesetzt hast, und deine Enkel werden es dir danken.

Eitelkeit

Wenn du an einer jungen Frau vorbeigehst und sie lächelt dir kokett zu, schürzt die Lippen und dreht sich einmal in den Hüften, dann wisse, hier ist die Eitelkeit zu Hause. Was ist das, Eitelkeit?
Eitelkeit ist eine Eigenschaft, die fast allen Menschen bekannt ist. Während einer oder mehrerer Lebensspannen waren sie von ihr in Besitz genommen und dies auf vielfältige Weise. Am harmlosesten ist noch diese, die sich auf die Schönheit der physischen Hülle bezieht. Die nicht nur bei Frauen anzutreffende Schwäche ist mitunter auch positiv zu bewerten als der Wunsch, anderen eine Freude zu machen oder zu sein, denn wir sind nun einmal ausgestattet mit Sinnen, die den Körper auf mannigfache Weise zu erfassen versuchen. Wenn diese auf den Körper beschränkte Eitelkeit nicht ausartet, läßt sie sich ohne allzu große Einschränkung ertragen.

Schlimmer ist jedoch jene allumfassende Eitelkeit, die sich eines Menschen bemächtigt, der gewisse berufliche Hürden genommen hat und meint, er hätte sich mehr qualifiziert als die anderen. Diese Eitelkeit, die in die Nähe der Arroganz rückt, ist schwer zu ertragen, da sie eine Mauer zwischen den Menschen errichtet. Wer kennt nicht die eitlen Posen der Politiker, der Feldherrn, der Geistesfürsten? Aber echte Überlegenheit zeigt sich immer anders, ihr Ausdruck ist eine ruhige Bescheidenheit, verbunden mit Geduld und dem Wunsch, andere teilhaben zu lassen an den eigenen Fertigkeiten oder Fähigkeiten. Daran ist die reife Seele zu erkennen, daß sie absolut frei ist von aller Eitelkeit, daß sie alles Erreichte als Gnade und Geschenk Gottes ansieht, wozu sie einen Teil beitragen durfte. Betrachte einmal die Menschen in deiner Umgebung, und du wirst feststellen, daß da wo jemand sich in seiner eigenen Schönheit und seinen anderen Qualitäten sonnt, immer versteckte Ängste und der Hunger nach Selbstbestätigung vorhanden sind. Also weist Eitelkeit nicht auf vorhandene Vorzüge, sondern eher auf Defizite hin.

Freiheit

Dieses Thema ist von außerordentlicher Bedeutung, und ich möchte zunächst eine Abgrenzung vornehmen: Freiheit der Person und Freiheit eines Volkes.

Freiheit der Person wird in allen Demokratien verbürgt, d.h. die Person darf reden, was sie will, tun und glauben,was sie will, vorausgesetzt sie schadet nicht irgendeinem anderen dadurch. Diese Begrenzung ist in der Tat nötig. Diese Begrenzung verbürgt, daß niemand durch den Gebrauch des eigenen Freiheitsrechtes Schaden nimmt, und garantiert zugleich das Freiheitsrecht des anderen. Ohne Begrenzung ist Freiheit nichts anderes als Anarchie, wo jeder ein Recht darauf hat, den anderen totzuschlagen. Zugleich bedeutet diese Erkenntnis, daß allem im Leben Beschränkung auferlegt werden muß, wenn es Nutzen und Vorteile bringen soll. Ohne Beschränkung kippt das Positive ins Negative.

Die Freiheit eines Volkes beinhaltet das Desinteresse am Erwerb neuen Bodens, d.h. ein Verzicht auf Erweiterung seiner Landesgrenzen, es sei denn durch friedliche Absprache mit dem Nachbarn. Nur dann bleibt der Friede zwischen den Völkern erhalten, wenn jeder das Territorium des anderen als unverletzlich anerkennt und beachtet. Ansonsten sind innerhalb der Grenzen große Freiräume für die einzelnen in jeder Demokratie verbürgt. Sie auszuschöpfen heißt im eigentlichen sein Menschentum verwirklichen. In jenen Staaten, die ihren Bürgern das Recht auf freie Meinungsäußerung, das Recht auf Freizügigkeit, auf Kritik, auf Reisen ins Ausland verwehren, herrscht eine menschenunwürdige Atmosphäre, es ist das Klima eines Zoos, aber nicht eines Staates. Diese Staaten werden aber mehr und mehr von der Erde verschwinden, zum Teil durch die Erhebung des Volkes, zum anderen durch Kriegswirren und zum dritten durch große Naturkatastrophen, die das Staatengefüge der Erde durcheinanderbringen werden. Am Ende gibt es nur ein Volk auf der Erde, das Volk der Überlebenden, derer, die aus der großen Krise herausgekommen sind, und unter ihnen wird jene Freiheit verwirklicht sein, die zum eigentlichen Erbe der Kinder Gottes gehört. Diese Menschen werden Achtung und Liebe pflegen, auf deren Boden die Freiheit des einzelnen als zartes Pflänzchen gedeiht. Zwang bricht den Menschen das Genick, es macht sie hart und verbittert, Freiheit hebt ihre Schultern, macht den Blick hell, öffnet die Seele für höhere Erkenntnis. In diesem Sinne wünsche ich allen die Freiheit des Herzens zu entscheiden, welchen Weg sie gehen wollen, auch gegen den Willen des jeweils Herrschenden.

Frieden

Der Friede ist nun schon einige Jahre in eurer Heimat, aber er hat in euren Herzen noch nicht Wohnung genommen. Der Friede ist ein Zustand des Herzens. Wenn das Herz in Ruhe ist, wenn es sich mit jedermann und mit allen Zuständen auf dieser Erde ausgesöhnt hat, dann herrscht auch äußerer Friede. Je näher du diesem Zustand kommst, um so mehr trägst du dazu bei, den Weltfrieden zu verwirklichen.

Sag nicht, das bedeutet nicht viel. Es ist das Schwierigste, was je ein Mensch erreichen kann. Wer diesen glücklichen Schwebezustand erreicht hat, ist Gott nahe, denn er hat alle negativen Impulse umgepolt und versteht, mit den Energien seiner Seele umzugehen. Er ist Herrscher über sein Ich geworden und damit Gott ähnlich, der ebenfalls allen Impulsen gebietet, der jeden Gedanken zu Leben erwecken kann, der die gröbste Materie zu bewegen vermag. Also dein Einwand, es sei leicht oder zu unbedeutend, ist falsch. Natürlich wenn es nur wenige anstreben, hat es eben auch keine globalen Auswirkungen, sondern macht sich nur bei diesen einzelnen und deren unmittelbarer Umgebung bemerkbar. Wenn aber die Zahl derer steigt, die den Frieden "erobert" haben, dann kann diese Bewegung ungeheuer viel Kraft entwickeln und mächtige Dinge in Gang setzen.

Ich spreche nicht von der Friedensbewegung, wie sie sich konstituiert hat. Ihre Motive mögen ideal sein, in Wirklichkeit lassen sie es nur zu, ihre Aggressionen auszuleben. Die aggressiven jungen Menschen nehmen an dieser Bewegung teil, wenn auch hie und da einige sich darunter gemischt haben, die die wahre Essenz des Friedens verstanden haben.

Aber wer gegen etwas kämpft, ist unfriedlich, wirkt zerstörerisch, und seine Arbeit wird schlechte Früchte bringen. Die Polarisierung zweier Mächte führt nur zu erneuter Auseinandersetzung, nicht Zusammenführung. Wer Frieden stiften will, muß zusammenführen, nicht auseinandersetzen. Insofern ist eure Bewegung zum Scheitern verurteilt und wird sich auch eines Tages ratlos zerstritten haben und in tausend Grüppchen zerfallen. Chaoten und extreme Linke verraten den Gedanken des Friedens total, denn Friede ist geordnet und steht immer in der absoluten Mitte, ruht in sich selbst, ist ein Zustand der Ruhe, der totalen Versöhnung.

Du wirst sagen, wie aber kann man dann die Mißstände auf der Welt anprangern, wenn man sich in Ruhe versenken soll. Du hast mich mißverstanden. Du sollst an die Verantwortlichen appellieren, aber in einem Ton der Liebe, nicht der Anklage. Wieviele Politiker sind weniger mächtig als du, sind allen möglichen Gruppierungen hilflos ausgeliefert. Sie brauchen deine Unterstützung, nicht deinen Angriff. Du sollst bitten, du sollst darum werben, daß man deinen Gesichtspunkt verstehe, du sollst den Armen natürlich helfen und für diejenigen Menschen, die in Not sind, eintreten, aber alles in der Form der brüderlichen Liebe. Ja, auch wenn Menschen gefoltert werden, verachte nicht das System, trauere darum, sende den Verantwortlichen deine Gebete, deine Appelle, aber verurteile sie nicht. Dies ist allein Gottes Sache, und deine Einmischung ist schlechter Stil. Wenn du also für den Frieden eintreten willst, um den Frieden "kämpfen" willst, dann tu dies mit einer weißen Blume in der Hand, mit dem Symbol der Entwarnung. Für den Frieden kämpfen mit der Waffe in der Hand, mit dem Stein in der Faust, ist nichts als Selbstbetrug.

Geld

Geld ist das Thema der Zeit, der Mittelpunkt des Menschen, das Glück aller. Was ist es eigentlich? Warum kam es in Gebrauch?

Von allem Anfang an war man sich im klaren darüber, daß eine Leistung nach einer Gegenleistung verlangt. Ein Lächeln muß ein Lächeln hervorrufen, sonst ist es umsonst gewesen, also ohne Wert. Eine Arbeit muß bewertet werden, sei es durch ein Wort oder ein Geschenk. Schon sehr früh entstand daraus eine Art ungeschriebenes Gesetz, nichts umsonst anzunehmen aus anderer Leute Hand oder Mund. Sehr früh wurde ein Tauschmittel in Form von Münzen eingeführt. Schon die alten Ägypter und Syrer druckten Münzen und brachten sie in angemessener Höhe in Umlauf. Diese Münzen waren zunächst Besitz des Priestergottes, der sie dann gleichmäßig unter dem Volk verteilte. Also am Anfang erhielt jeder dasselbe. Nur die Tüchtigen konnten davon mehr erwerben als die anderen, bis schließlich ein Ungleichgewicht entstand, das wie ein Spiegel Tüchtigkeit und Versagen der einzelnen wiedergab.

Wo aber dieses Tauschmittel in übergroßer Höhe vorhanden war, entstand Neid, und dieses wiederum war der Anstoß zu großen gesellschaftlichen Konflikten, die zur Herausbildung von Gewerkschaften und Interessenvertretern führte. Die besitzlose Schicht war später durchaus nicht immer die, deren Mangel an Klugheit und Einsatz diesen Zustand herbeigeführt hatte, sondern neben dem Neid hatte sich auch die Habgier der Besitzenden herausgebildet, die nur darauf hinarbeiteten, den Besitz zu mehren auf Kosten der anderen. So war etwas, was zunächst ein Instrument der Gerechtigkeit war, zu einem Instrument des Teufels geworden.
Heute ist es so, daß das Geld zu einem großen Antriebs-

mittel geworden ist. Ohne Geld gäbe es sehr viel mehr Faule unter euch. Das Geld hat also durchaus positive Werte. Es befähigt den Menschen, seine Gaben voll einzusetzen, da ihm Lohn und Anerkennung gewiß sind. Es verhilft zu Status und Glorie, zu einer Art Selbstkrönung. Wer ihm verfällt, lebt in einem permanenten Rauschzustand. Die Welt scheint für ihn alle Türen geöffnet zu haben. Aber dieser Zustand gebiert auch Gefahr. Im Handumdrehen kann die ganze Pracht unter den Händen zerrinnen, Gefahr für Leib und Leben ist immer gegeben, und die Langeweile nistet sich in den Herzen und Seelen jener ein, die alles im Überfluß besitzen.

Abschaffen läßt sich das Geld nicht. Es ist nötig, es ist nützlich, es hat eine Funktion im Leben als Regulativ. Wer sich seiner bedient, ohne daß er in Verblendung fällt, tut nichts Unrechtes. Wer es für eine Dienstleistung oder einen Gegenstand als Ersatz annimmt, tut nichts Unrechtes. Aber es muß ein nobler Sinn dahinterstehen, keine niedrigen Lüste, kein Betrug, keine Ausbeutung. So ist ja alles göttlichen Ursprungs in eurer Umgebung und erst später durch den Menschen pervertiert worden.

Lebenssinn

Leben ist Wachsen. Der eine wächst schneller als der andere, der eine setzt sich schneller durch als der andere, aber alle kommen einmal an dasselbe Ziel. Leben ist ein ewiges Gott-Werden. Ohne den Gott in deinem Innern wüßtest du das nicht, wüßten wir das nicht. Es wäre dann tatsächlich nicht viel mehr als der traurig-heitere Tanz auf einer Feuerkugel, die euer Planet im eigentlichen Sinne ist. Es wäre Selbstzweck, nicht Mittel zum Zweck.

Der Sinn des Lebens liegt in der Erkenntnis des Weges und dem beharrlichen dem Ziel Entgegenschreiten. Alles andere ist Selbsttäuschung. Es geht nicht darum, Gold anzuhäufen oder akademische Titel zu sammeln oder dem anderen seine stolze Schar Kinder vorzuführen oder Kriege zu führen im Namen der Macht, es geht einzig und allein darum, den Gott in euch zum Leben zu gebären, lebendig zu machen, durchscheinen zu lassen durch die 7 mehr oder weniger groben Hüllen eures Körpers. Gott ist der helle Funken in euch, der eine Teil aus dem großen Körper Gottes, der euch ausschickte, damit ihr ihn wiederfändet nach eurer Verblendung. Denn den Weg habt ihr euch selbst geschaffen, die Gottferne ist euer Werk, da ihr die Gottnähe verworfen habt in eurem Überschwang. Die Freiheit der Erkenntnis stand auf eurer Stirn, als Gott euch schuf. Ihr habt sie zum Teil mißbraucht, ein Teil tat es nicht, er beschmutzte seinen Gottesfunken nicht, er brauchte nicht in die große Materie einzutauchen, um sich erneut heraufzuarbeiten zu dem hellen Strahl der Liebe und Weisheit, der ihn schuf. Das Leben ist ein Gnadenakt Gottes, der euch zurückholt, seine Geschöpfe, die er schuf, um sich selbst zu vervielfältigen, um sich ständig neu zu gebären in ewiger schöpferischer Tätigkeit. So groß ist die Fülle Gottes, daß kein Wort, kein Werk es verkünden könnte, alle Andeutungen sind verkürzt, schmälern seine Größe, sein Licht. So möge es genügen zu sagen, daß die abgesprengten Fünklein sich auf den Weg machen dürfen, um sich wieder angliedern zu können, um ihre Treue erneut zu bekunden und damit der Größe Gottes teilhaftig zu werden. Du kannst deinen Stand selbst messen, die Kilometerzahl des zurückgelegten Weges bestimmen anhand der Fähigkeiten, die sich bei dir schon entwickelt haben, denn auf diesem Weg Gott entgegen wachsen dir göttliche Fähigkeiten zu. Kannst du hellsehen, hellhören, hellfühlen, über Feuer und Wasser gehen, ohne daß es dir etwas tut? Ordnen sich dir wilde Kreaturen unter, und zückt der Verbrecher umsonst sein Messer, wenn ein Blick von dir ihn trifft? Dann weißt du, wo du stehst.

Es gibt einige auf der Erde, die Gott nahezu ganz in sich verwirklicht haben, es sind die großen Avatare, die sich immer wieder unter die Menschen mischen, um auf Gott hinzuweisen. Sie sind Gott so nahe, daß sie sich dauernd mit ihm verbinden können, darum sagen sie auch, sie seien Gott. Dies ist keine Gotteslästerung, sondern die ganze Wahrheit. Auch du bist Gott, ein potentieller Gott jedenfalls. Darum leg ab allen Zorn, allen Hochmut, allen Kleinmut, alle Kleinlichkeit, und sei göttlich in allen deinen Handlungsweisen, in deiner Erscheinung, in deinem Blick. Laß die Menschen empfinden, daß du ihnen nahestehst, denn damit stehst du Gott nahe. Laß sie fühlen, daß du sie liebst, denn damit liebst du Gott, und verbreite das Wissen, daß der EINE ALLE ist und ALLE der EINE.

Dies ist der Sinn des Lebens.

III. Anhang

Kims Autobiographie

Ich diktiere dir kurz ein paar Striche aus meiner Biographie.

Ich wurde zur Zeit des großen Philosophen Konfuzius geboren in einem Jahrtausend, da es im sog. Abendland noch gar keine Kultur gab. Meine Familie gehörte zur King-Dynastie, einer angesehenen Herrscherfamilie, die eine gewisse Macht über den Süden des damaligen China ausübte. Meine Geschwister interessierten sich für Philosophie, mich aber interessierte der Mensch mit seinem physischen Leibe, und ich hatte den starken Wunsch, ihm zu helfen. Damals war die Medizin noch eine Wissenschaft, die aus Eingebungen ihr Wissen bezog, d.h. ich war damals - in meiner letzten Inkarnation - hellsehend und hellfühlend, und ich konnte dadurch sehr viel Heilerfolge für mich verbuchen. Wir arbeiteten mit Drogen, die aus Pflanzen gewonnen wurden, die zum Teil noch heute in der chinesischen Medizin sehr bekannt sind und geehrt werden, z.B. Frauenmantel als Mittel für Frauen, die unfruchtbar sind. Daneben trat die Akupunktur, die schon damals ein hohes Ansehen genoß. Sie ist eine der ältesten Wissenschaften meines Volkes, und auch sie basiert auf Eingebungen oder Inspirationen. Woher sollte der Mensch das Wissen haben wenn nicht aus der unerschöpflichen Quelle Gottes?

Ich ehelichte sehr früh, hatte eine liebe verständige Frau und mehrere Kinder, die unter meiner liebevollen Fuchtel zu leiden hatten. Damals war der Patriarch alles, die Frau hatte eine ausschließlich dienende Funktion, und die Kinder gehorchten. Ein schlimmes, aber gut funktionierendes System. Liebe existierte als Zeugungskraft. Das war alles.

Ich habe nach diesem Leben noch eine Weile zu dienen gehabt, bis ich in höhere Sphären aufsteigen durfte, und es ist noch nicht lange her, daß ich mich deinem Kreis beigesellen durfte. Du wirst von mir so lange geführt werden, solange du das nötig hast. Dann tritt jemand anders an meine Stelle. Er oder besser sie steht schon bereit, die Nonne Grace, die dich sehr liebt. Sie besitzt die Anmut eines Rehleins und die Güte eines Lammes. All das besitzt du noch nicht, folglich kann sie sich nicht mit dir vereinen. Also geriet ich an dich, und ich klage nicht. Du bist folgsam bis zu einem gewissen Grad, und du wirst es noch mehr werden. Dein Leiden wird eines Tages erträglicher sein, aber das bestimmst du selbst. Merke: alles, was dir geschieht, ist Folge deiner Einstellung. Glaube, und dir wird geholfen. Zweifle, und du wirst umgeworfen. Das ist ein Gesetz. Wenn ein Glaubender fällt, dann ist das eine Prüfung, besteht er sie, wird er erhöht.

Genügt das für meine Wenigkeit? Die gestrenge Silvia schüttelt den Kopf? Aber, aber, was ich damals war, ist von großer Unwesentlichkeit, was ich heute bin, zählt ein wenig auf dem Schlangenpfad der menschlichen Entwicklung.

Kim

Bisher erschienen in diesem Verlag:

LICHTPUNKT E. Zeitschrift für spirituelle Bewußtseinsbildung.

DIMENSIONSSPRUNG. Die allernächste Zukunft der Erde und wie wir uns darauf vorbereiten können. Sonderheft 1 der Zeitschrift LICHTPUNKT E vom Juni 1992

DER AUFSTIEG. Sonderheft 2 der Zeitschrift LICHTPUNKT E vom September 1992. Teil 2 des DIMENSIONSSPRUNGS.

HILARION/ISOPHAR: LIEBE. Gechannelte Botschaften für die Zeit des Wandels. September 1992

Voraussichtlich im Oktober erscheint:

Ilse Zinn-Kraa-Ackermann/Dorit I.Becker: TIERE Gechannelte Botschaften zu einem besseren Verständnis in der Zeit des Wandels

Ferner kann über den Verlag bezogen werden:

Ulrike Scharner: EDELSTEINE - Heilkräfte, die aus der Erde kommen.

Hans-Jürgen Regge: Die Erde ist ein lebendes Wesen

Bestellungen bitte direkt an den Verlag

Dr. Dorit I. Becker
Verlag Pegasos LIGHT
Rottstr. 26, D-4923 Extertal